ELASTICIDADE
Volume I

"Dinamometria"

Leandro Bertoldo

Dedicatória

Dedico este livro à minha amada mãe
Anita Leandro Bezerra

"Há poder no conhecimento de ciências de toda a espécie, e é designo de Deus que a ciência avançada seja ensinada em nossas escolas como preparação para a obra que há de preceder as cenas finais da história terrestre". (Fundamentos da Educação Cristã, 186).

Ellen Gould White
Escritora, conferencista, conselheira, e educadora norte-americana.
(1827-1915)

Sumário

Dados biográficos

Leandro Bertoldo é o primeiro filho do casal José Bertoldo Sobrinho e Anita Leandro Bezerra. Seu irmão chamase Francisco Leandro Bertoldo. Os dois seguiram a carreira no judiciário paulista, incentivados pelo pai, que via algo de desejável na estabilidade do serviço público.

Leandro fez as faculdades de Física e de Direito na Universidade de Mogi das Cruzes – UMC. Seu interesse sempre crescente pela área das exatas vem desde os seus 17 anos, quando começou a escrever algumas teses sérias a respeito do assunto. Em 1995, publicou o seu primeiro livro de Física, que foi um grande sucesso entre os professores universitários. O seu comprometimento com o Direito é resultado de suas atividades junto ao Tribunal de Justiça do Estado de São Paulo.

Leandro casou-se duas vezes e teve uma filha do primeiro matrimônio chamada Beatriz Maciel Bertoldo. Sua segunda esposa Daisy Menezes Bertoldo tem sido sua grande companheira e amiga inseparável de todas as horas. Muitas de suas alegrias são proporcionadas pelos seus amados cachorros: Fofa, Pitucha, Calma e Mimo.

Durante sua carreira como cientista contabilizou centenas de artigos e dezenas de livros, todos defendendo teses originais em Física e Matemática, destacando-se: "Teoria Matemática e Mecânica do Dinamismo" (2002); "Teses da Física Clássica e Moderna" (2003); "Cálculo Seguimental" (2005); "Artigos Matemáticos" (2006) e "Geometria Leandroniana" (2007), os quais estão sendo discutidos por vários grupos de pesquisas avançadas nas grandes universidades do país.

Prefácio

Elasticidade é a primeira obra exaustiva e de natureza sistemática produzida *ab ovo* pelo autor no período de 1978 a 1980. Trata-se de um livro de fôlego, constituído por mais de mil páginas, que foram distribuídas em cinco volumes. O livro encontra-se inteiramente estruturado no método científico, especialmente pela análise matemática. Partindo de poucos princípios, o livro cresceu alimentando-se do método da analogia com os diversos ramos da Física Clássica. O manuscrito original desta obra apresenta uma letra bem delineada, bastante caprichada, clara e limpa. Naquela época o autor era um intelectual vanguardista bastante jovem e orgulhoso, que contava apenas 19 anos de idade. Ainda estudante colegial, aplicava-se com afinco à leitura de Descartes, Locke, Rousseau, Voltaire, Leibniz, Galileu, Newton, Einstein etc. Além disso, dedicava todo seu tempo livre na elaboração de profundas pesquisas científicas em física. Somente a juventude do autor poderia permitir a introdução de conceitos inovadores e de ideias inusitadas no campo da Física Clássica, como se pode constatar nesta obra.

Na falta de um nome apropriado para designar as novas leis, fórmulas e conceitos, provisoriamente, lancei mão do nome que estava mais acessível naquele momento: "Leandro". Entretanto, tal nome poderá ser substituído por outra designação mais adequada, que a ciência achar conveniente.

O próprio título da obra articula bem os seus objetivos: "Elasticidade". Ela visa realizar o estudo sistemático das propriedades das deformações elásticas e plásticas que os corpos apresentam ao serem submetidos à ação de uma intensidade de força.

O primeiro volume desta série é dedicado ao estudo dos princípios fundamentais envolvidos nas deformações elásticas.

Nele é analisado o equilíbrio elástico, o conceito de dinamoscópio, dinamômetros, escalas dinamométricas, quantidade elástica, tração, compressão, deformações lineares, superficiais e volumétricas e finalmente analisa a relação entre as deformações e a temperatura.

O segundo volume foi consagrado ao estudo dos sistemas e instrumentos de medidas elásticas, como por exemplo, os leandrometros e multímetros dinamoscópico, bem como o estudo das pontes elásticas, associações em série e em paralelo de corpos dinamoscópicos.

O terceiro volume desta série é destinado ao estudo das grandezas físicas da Cinemática e da Dinâmica, aplicadas às forças e às deformações elásticas dos corpos dinamoscópicos.

O quarto volume está voltado ao estudo das contrações e expansões laterais, provocadas pelas deformações por tração e compressão linear, superficial e volumétrica.

O quinto volume desta série propõe estudar os corpos dinamoscópicos elásticos, semielásticos e plásticos, rigidez dinamoscópica, ponto de ruptura, conceitos geométricos aplicados na dinamoscopia, campo elástico e estudos sobre os reostatos dinamoscópicos.

Enfim, o livro é revolucionário e inovador. Ele traz em seu bojo muitas pesquisas originais e inéditas, produzidas pelo autor em sua juventude. Esta obra estabelece claramente um paradigma ao criar um novo ramo da Física Clássica: Elasticidade.

O autor folga em oferecer ao grande público ledor esta maravilhosa obra, esperando que venha a ter boa acolhida entre os homens de ciência e visionários do futuro, a fim de que o universo do nosso conhecimento continue no seu grande processo de expansão.

leandrobertoldo@ig.com.br

CAPÍTULO I
Dinamometria

1. Introdução

No presente capítulo procuro introduzir os conceitos fundamentais de força elástica e seus efeitos estáticos, procurando estabelecer normas para sua medida.

Apresento também os estudos dos dinamometros utilizados nas medidas das intensidades de forças.

Em elasticidade para comparar uma força com a unidade usa-se um efeito mensurável produzido por essa força, que no caso desta obra, corresponde à deformação elástica. Portanto a dinamometria observa os fenômenos relativos à intensidade de força imprimida nos corpos elásticos e sua medida.

2. Sensação de Esforço e Força

A grandeza física conhecida como força é um conceito primitivo. Isto significa que não pode ser definido e é fundamental no estudo da mecânica racional.

Apesar de ser uma noção primitiva, a força é conhecida pelos efeitos que produz e, nesse sentido repito o que Francisco Bacon declarou em seu método indutivo ou experimental: *Vere scire est per causas* (Saber verdadeiramente é saber pelas causas).

São as sensações musculares de esforço físico que transmitem a primeira noção de força. Assim, nasce o conceito de "forte" e "fraco". Quanto maior for o peso de um corpo, tanto maior esforço será necessário efetuar para deslocá-lo.

Embora a noção primitiva de força tenha sua origem relacionada com sensação de esforço muscular; quando se trata da medida de forças, esse método de sensação se torna bastante precário. Dessa maneira a avaliação de uma força por intermédio do seu efeito fisiológico é pouco seguro e merece pouca confiança. Pois, o forte e o fraco não constituem medidas, mas apenas uma classificação de forças em relação à média geral dos indivíduos de uma sociedade. Dessa maneira consegue-se grosseiramente avaliar a intensidade de uma força. É evidente que a sensibilidade à força é muito limitada na sua amplitude e não é suficientemente precisa para ser útil à ciência.

Desse modo, o critério sensitivo para uma avaliação exata das forças é vago e impreciso, pois quando se trata de esforço muscular, depende do indivíduo que se considera. Assim, um lutador profissional pode achar que uma determinada pessoa é fraca ou que determinado objeto é leve, enquanto que um homem mediano pode achar que o mesmo objeto é muito pesado ou que a mesma pessoa é forte.

Uma formiga é fortíssima pelo seu tamanho em relação à força que é capaz de exercer.

Uma pessoa pode ser fraca em relação à força muscular da média geral dos indivíduos, e, no entanto, pode perfeitamente ser forte em relação à outra pessoa mais fraca do que ela mesma.

Alguns indivíduos podem exercer uma grande intensidade de força sobre um determinado corpo, enquanto que outros não conseguem exercer a mesma força e, no entanto ambos os indivíduos teriam opiniões divergentes quanto à intensidade de força exercida.

Observa-se assim que, para avaliar uma força com certo rigor, tem-se que recorrer a outros efeitos.

As experiências têm revelado que certas propriedades de um corpo variam com a intensidade de força. São as denominadas "propriedades dinamométricas". Em mecânica a força que apresenta a noção mais nítida é aquela de natureza elástica.

As propriedades dinamométricas mais usadas para avaliar intensidades de forças são: o volume aparente de um gás mantido a temperatura e massa constante encerrado em um recipiente metálico, que ao ser comprimido varia com a força; a deformação de um corpo sólido etc.

3. Energia Elástica

Na natureza existem diversas formas de energia. Sendo que a energia elástica é uma delas.

Costumo definir a energia elástica nos seguintes termos: "A modalidade de energia elástica que é transmitida de um corpo elástico para outro quando, entre eles, existe uma diferença de força".

A presente definição, embora susceptível de crítica, satisfaz ao presente estágio do estudo da elasticidade da matéria.

Futuramente, considerarei a energia elástica de um corpo como a própria energia potencial de suas moléculas, que se distanciam de seu centro de equilíbrio.

4. Equilíbrio Elástico

Quando se imprime uma intensidade de força em um corpo elástico, este passa a sofrer uma deformação que aumenta gradativamente à medida que a intensidade de força elástica aumenta.

Posso dar uma explicação física para o fenômeno, dizendo que o corpo elástico passa a sofrer uma deformação quando é submetido à ação de uma força; porém, para poder sofrer a referida deformação é necessário que as moléculas desse corpo sofram um deslocamento de seus centros de equilíbrio natural. Quando isso ocorre, as forças exercidas pelas moléculas em sua estrutura passam observadas e,

aumentam à medida que a deformação aumenta.
Evidentemente, a deformação é somente válida dentro de certos
limites, pois as moléculas afastam-se tanto de seu centro que
não retornam a esse centro, ocorrendo, aparentemente, um
desarranjo na estrutura cristalina.

Bem, voltando ao assunto principal. O fenômeno
prossegue até que, num certo instante, as duas forças se tornam
iguais. Ou seja, as forças exercidas em conjunto pelas
moléculas que constituem o corpo se igualam à intensidade de
força imprimida extensamente no corpo elástico. Neste
instante, cessa o deslocamento entre as moléculas e a força
exercida pelo corpo elástico iguala-se à força imprimida no
corpo, nesse momento ambos se encontram em "equilíbrio
elástico".

5. Dinamoscópio

Considere duas intensidades de forças quaisquer, cada
uma presente num corpo elástico. Como é possível saber se as
duas intensidades de forças são iguais ou diferentes ?

Pelo que já foi exposto, a referida questão é facilmente
resolvida: "colocando-as em contato e verifica-se se elas estão
ou não em equilíbrio elástico".

E, se uma das intensidades de forças não puder ser
aproximada da outra, então, como verificar o equilíbrio elástico
·.

Antes de responder a esta pergunta preciso dizer o que é
um "dinamoscópio".

Denominei por "dinamoscópio" a qualquer dispositivo
capaz de acusar uma variação de força (se o dinamoscópio
possui uma escala que permita atribuir valores numéricos às
intensidades de forças, ele recebe o nome de *dinamômetro*).

É possível imaginar e construir diversos tipos de
dinamoscópio. Um dinamoscópio relativamente simples é uma

mola de aço espiralada longitudinalmente. Com um pouco de habilidade é possível fazer um gancho no extremo dessa mola. Submete a essa extremidade uma alta intensidade de força. Nessas condições o dinamoscópio sofre uma grande deformação até que o equilíbrio elástico seja atingido.

Ao submeter a uma intensidade de força menor que a primeira o dinamoscópio sofrerá uma deformação menor do que a do primeiro caso.

Agora, já tenho condições de responder à pergunta que deixei em questão logo no início do presente item. Coloca-se o dinamoscópio em contato com uma das forças e espera-se pelo equilíbrio elástico. Marca-se a posição ocupada pelo extremo em forma de gancho do dinamoscópio. Em seguida coloca-se o dinamoscópio em contato com a segunda força e espera-se pelo equilíbrio elástico. Se a posição do gancho da extremidade do dinamoscópio for a mesma, facilmente conclui-se que: as duas forças apresentam as mesmas intensidades. Se as posições ocupadas nos dois casos forem distintas, naturalmente conclui-se que as duas intensidades de forças são diferentes.

6. Princípio Primordial da Elasticidade

Do que acabei de expor no parágrafo anterior, pressupõe que seja obedecido o seguinte princípio:
"Dois corpos elásticos, em equilíbrio elástico com um terceiro, então, estão em equilíbrio elástico entre si".
Com certa frequência tenho chamado esse princípio por: "Princípio de Leandro".

7. Algumas Observações

É a intensidade de força que indica o sentido em que se processa a transferência espontânea de energia elástica entre dois corpos elásticos.

a) "Sempre é transferida energia elástica do corpo de intensidade de força mais alta para o de intensidade mais baixa".

Verificar-se-á mais tarde que este é um dos enunciados dos princípios de um ramo da elasticidade. Não existe a mínima importância qual dos dois corpos possua maior quantidade de energia elástica. Sob este aspecto a intensidade de força indica o que tenho chamado por "nível energético" em que se encontra a quantidade de energia elástica do corpo.

b) A energia elástica emitida ou receptada, por um corpo elástico não depende apenas da intensidade de força. Depende também da natureza do material dinamoscópicos.

8. Propriedade, Grandeza e Substância Dinamométrica

A grandeza cuja função é caracterizar o estado elástico de um corpo ou de um sistema denomina-se "força". Sua media é obtida por meio de outras grandezas, como volume, pressão, cumprimento etc.

Essas grandezas variam quando os corpos passam de um estado elástico para outro. Assim, medindo os valores assumidos por essas grandezas, comumente conhecidos pelo nome de "grandezas dinamométricas", pode-se caracterizar os estados elásticos dos corpos. Portanto, pode-se associar a cada valor assumido pela grandeza dinamométrica em questão um número, o qual passará a caracterizar o estado elástico e será então denominada força. Tem-se assim, estabelecida uma correspondência biunívoca entre número e estado elástico, ou seja, a cada estado elástico se associa um único número e vice-versa.

Bem, já demonstrei o que vem a ser uma "propriedade dinamométrica". Denomina-se por "grandeza dinamométrica" a grandeza que necessita ser medida para verificar se uma determinada propriedade dinamométrica encontra-se ou não variando.

A substância, cuja propriedade dinamométrica costuma-se a empregar, para avaliar uma intensidade de força, recebe a denominação de "substância dinamométrica".

9. Medida de Intensidade de Força

Para efetuar a medição das forças é necessário fazer uso de qualquer propriedade física mensurável que varie com a força. Desse modo, para precisar numa exatidão a noção de força, recorre-se às variações que experimentam certas propriedades dos corpos elásticos quando sofrem a ação de uma força, por exemplo, o comprimento de um corpo elástico aumenta, (deformação por tração) quando este se encontra submetido sob a ação de uma força mais intensa. Desta maneira, a força aplicada na extremidade livre do corpo elástico é avaliada indiretamente pelo valor assumido por sua deformação, que no decorrer do presente livro passarei a representar pela letra (L). Observe o esquema indicado na seguinte forma:

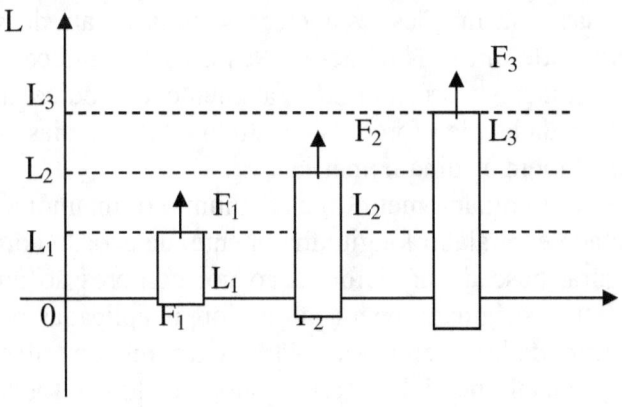

"De acordo com o esquema, a cada valor de (L) do comprimento (deformação por tração) do corpo elástico corresponde a um valor F de força".

De um modo generalizado, sendo (X) uma grandeza conveniente que define uma das propriedades do corpo – portanto no caso anterior (X = L) – a cada valor de (X) faz-se corresponder um determinado valor (F) de força. A grandeza (x) é denominada "grandeza dinamométrica". A correspondência entre os valores da grandeza (x) e da força (F) constitui a "função dinamométrica". Ao corpo em observação dá-se a denominação de "dinamômetro". O corpo elástico indicado na figura anterior, na qual a cada valor do cumprimento (L) (grandeza dinamométrica) corresponde a um valor da força (F), pode ser perfeitamente usado como dinamômetro.

A etimologia da palavra Dinamômetro se deriva de dois termos gregos: "dínamo" que significa força, e o sufixo "metro" que quer dizer: medida de. Assim, etimologicamente, dinamômetro é um instrumento destinado a medir intensidades de forças. E como já foi observado, funciona baseado na seguinte propriedade: "as forças causam deformações, chamadas deformações elásticas, igual ao limite da força".

A partir de uma relação entre as deformações sofridas pelo corpo elástico e as intensidades das forças causadoras dessas deformações, estabelece-se uma escala de graduação e leitura de um dinamômetro. Nesse caso o índice numérico da deformação, corresponde exatamente ao índice numérico da intensidade da força. O estudo das medias das forças, constituem a "dinamometria".

O dinamômetro mais comum é o dinamômetro de mola de aço espiralado longitudinalmente, de acordo com a próxima figura, baseado na deformação por compressão ou por tração elástica, originada pela ação de forças aplicadas numa de suas extremidades, tendo a outra extremidade afixada a um referencial inercial. Desse modo, quando a força imprimida aumenta de intensidade, a deformação também aumenta.

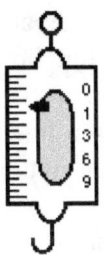

A figura indica o desenho de um dinamômetro de mola em espiral longitudinal. A mola é protegida por um estojo metálico, esse dinamômetro apresenta numa das extremidades um ponteiro-cursor móvel ao longo de uma escala. A força exercida na extremidade livre provoca a deformação da mola, fazendo o ponteiro-cursor deslocar indicando na escala a intensidade de força imprimida no dinamômetro.

A utilização do dinamômetro para avaliação da força imprimida em um sistema fundamenta-se no fato de que, após alguns momentos em contato, o sistema de forças e o dimamômetro adquirem a mesma força, isto é alcançam o *equilíbrio elástico*. Ou seja, a força indicada no dinamômetro é igual à intensidade de força que atua sobre ele através do sistema.

Os dinamômetros, em geral, dependem da deformação de corpos elásticos. Além do dinamômetro de mola de aço enrolada em espiral longitudinal, existem outros tipos de dinamômetro; como por exemplo:

a) Dinamômetro de poncelet

b) Dinamômetro sob a forma de lâmina plana

c) Dinamômetro sob a forma de lâmina dobrada em ângulo

d) Dinamômetro em faixa de lamina, como as de suspensão de automóveis

Como eu já disse, o dinamômetro mais utilizado nos laboratórios é formado por um fio de aço enrolado em espiral longitudinal e colocado dentro de um estojo, constituído por um cilindro metálico, geralmente de latão. Uma das extremidades do fio fica fixa no tampo superior do cilindro e a outra no embolo metálico que se encontra ligado a uma haste metálica. Então, o dinamômetro é dependurado por uma argola a um referencial inercial e a força imprimida em um gancho localizado no outro extremo do cilindro, faz com que desloque o ponteiro-cursor numa escala, indicando a intensidade de força imprimida nesse dinamômetro.

10. Inconvenientes dos Dinamômetros de Deformações

As deformações sofridas por um corpo elástico são perfeitamente regulares às intensidades de forças aplicadas, contando que estas deformações não ultrapassem o limite de elasticidade.

Pois, conforme foi determinado pelo grande cientista inglês, Robert Hook, a deformação elástica tem validade até certo limite, a partir do qual a deformação já não apresenta uma regularidade entre as deformações anteriores. Este fato impede que os dinamômetros sejam instrumentos de precisão absoluta, pois as deformações não podem ser geralmente, muito grandes, isto é, as forças muito intensas provocam deformações relativamente pequenas, deixando pouco espaço para subdivisões na escala de graduação. Outro problema impede a fidelidade dos dinamômetros de deformações: a "Histerese Mecânica", fenômeno que se apresenta pelo fato de as deformações provocadas por ação de forças muito intensa, permanecerem em pequena quantidade após a retirada da força, ou seja, o corpo elástico não se restitui totalmente, isto obriga a uma necessidade constante de verificação e recolibração da escala.

Nesse processo de calibrar o dinamômetro a única hipótese que se faz sobre as propriedades elásticas da mola é a de que intensidades iguais de forças correspondem à mesma deformação, deste modo o dinamômetro pode servir para medir qualquer intensidade de força desconhecida.

11. Dinamômetro

Os dispositivos que permitem realizar medidas de intensidade de forças são os dinamômetros. Em meus trabalhos tenho desenvolvido diversos tipos de dinamômetros. E citarei os mais importantes:

a) Dinamômetro de Gás

O dinamômetro de gás pode utilizar como grandeza dinamométrica tanto o volume quanto a pressão.

Parece-me mais comum o uso de dinamômetro de gás a volume constante, ou seja, aquele que apresenta a pressão como grandeza dinamometrica, nesse caso, portanto, as pressões é que deve ser medidas, processo mais fácil do que efetuar medidas de volumes. O dinamômetro de gás a volume constante, contendo hidrogênio, é denominado por "dinamômetro normal".

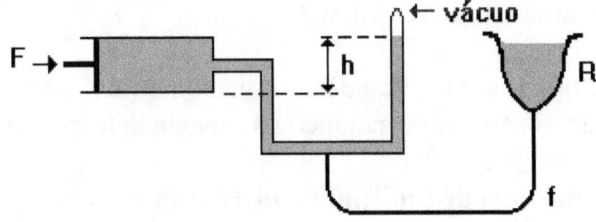

O tubo em (U) contém mercúrio, ligando-se através de um tubo flexível (f) a um reservatório (R), cujo conteúdo é também mercúrio. O volume constante do gás é mantido, desde que se conserve o nível do mercúrio numa posição de referência; essa situação é conseguida levantando-se ou abaixando-se o reservatório (R). Quando a força (F) imprimida no embolo aumenta de intensidade, tende a comprimir o gás forçando o mercúrio para uma posição situada abaixo da referência. Portanto, se desejar manter constante o volume do gás é necessário deslocar verticalmente o reservatório (R).

Designando por (μ) a densidade absoluta do mercúrio, por (g) a aceleração local da gravidade e sendo (h) a diferença de nível do mercúrio nos dois ramos de tubo em (U), a pressão do gás pode ser obtida com a aplicação direta do teorema fundamental da hidrostática, ou seja:

$$P = \mu \cdot g \cdot h$$

b) Dinamômetro de Mola Espiralada Longitudinalmente

Utiliza como grandeza dinamométrica o cumprimento aparente de uma mola de aço encerrada em um estojo metálico.

c) Dinamomentro de Alavanca

Utiliza como grandeza dinamométrica o deslocamento realizado pelo braço de alavanca.

d) Dinamômetro de Resistência

Utiliza como grandeza dinamométrica a resistência elétrica de um condutor metálico facilmente deformável.

e) Dinamômetro de Fio Rígido na Tensão

Utiliza como grandeza dinamométrica a frequência que o fio pode apresentar em um dado estado de tensão.

f) Dinamômetro de Prensa

Utiliza como grandeza dinamométrica a pressão de uma prensa que funcione segundo o princípio de Blaise Pascal.

g) Dinamômetro Eletromagnético

Utiliza como grandeza dinamométrica a própria força clctromagnética oriunda de uma corrente elétrica.

Desses tipos de dinamômetros o mais empregado no cotidiano é o de mola de aço espiralada longitudinalmente.

O dinamômetro de gás é de difícil manuseio. E creio que no futuro só existirá em laboratórios especializados, a menos que seja aperfeiçoado.

O dinamômetro de resistência e o eletromagnético permitem que, a certa distância, um único observador verifique intensidades de forças de sistemas situados em diferentes pontos.

O dinamômetro eletromagnético e o de prensa apresenta em especial aplicação para medir intensidades elevadas de forças.

12. Construção de um Dinamômetro de Mola

Para usos correntes, a mola de aço espiralada longitudinalmente é a substância dinamométrica mais usada.

Basicamente, esse dinamômetro compõe-se de um recipiente metálico, contendo uma mola de aço em seu interior. A escolha da mola como substância dinamométrica é justificada pelo fato de apresentar algumas características favoráveis, como:

a) pode ser adquirida tecnologicamente com relativa facilidade,

b) possui deformações perfeitamente elásticas até certo limite,

c) apresentam intensidade elástica de diferente gama, o que permite construir dinamômetros destinados a medir diferentes intensidades de forças,

d) entra rapidamente em equilíbrio elástico com a intensidade de força que está submetido, sem lhe provocar sensivelmente uma deformação permanente.

Evidentemente, a grandeza dinamométrica utilizada num dinamômetro de mola de aço é a deformação. O emprego desse dinamômetro é extremamente simples: se desejar obter a intensidade de um determinado corpo basta colocar o gancho do dinamômetro em contato com o sistema de força. A leitura, após ter sido estabelecido o equilíbrio elástico, é processada na superfície livre da mola de aço.

Descreverei, em linhas gerais, a construção de um dinamômetro de mola de aço espiralada longitudinalmente.

Prepara-se um estojo cilíndrico oco de metal. A um de seus extremos solda-se, uma placa circular perfurada em seu centro e, ao outro, deixa-se, provisoriamente aberta.

Com um maçarico, deve-se fazer um corte retangular longitudinalmente no cilindro, sem ultrapassar os extremos.

Em seguida, coloca-se pela extremidade aberta do cilindro oco, uma mola de aço espiralada longitudinalmente. Essa mola deverá apresentar um cumprimento coincidente ao do cilindro e um diâmetro aproximadamente igual ao diâmetro livre do cilindro, de tal forma que, os extremos circulares da mola encostem-se à parede interna do cilindro.

Logo depois, solda-se no centro de uma placa circular um eixo de comprimento maior do que o do cilindro, constituindo o que se chama embolo. O diâmetro circular da placa do embolo deverá apresentar um diametro aproximadamente igual ao do diâmetro livre do cilindro, de tal forma que possa correr livremente no interior do cilindro.

Coloca-se esse embolo no interior do cilindro, de maneira que a barra passe pelo centro da placa circular perfurada que foi soldada na extremidade do cilindro. A seguir envergue a extremidade da referida barra em forma de gancho. Essa extremidade é aquela que passa pelo centro da placa perfurada.

Feito isso, por meio de um maçarico, sela-se a extremidade aberta. Pela abertura retangular do cilindro, deve-se afixar na placa circular do embolo, uma pequena porta metálica que servirá como ponteiro-cursor do dinamômetro.

Na extremidade superior do dinamômetro deverá ser afixada uma argola que servirá como haste do dinamômetro.

A seguir deixe o dinamômetro na total ausência de forças e ao lado ponteiro-cursor do dinamômetro marca-se o traço zero.

Feito isso, submeta o dinamômetro a uma intensidade de força que sirva como unidade.

Espera-se pelo equilíbrio elástico e marca-se o traco da unidade, de modo a tangenciar a posição do ponteiro-cursor.

Continuando, deve-se traçar a escala em intervalos iguais ao da unidade que foi indicado anteriormente no dinamômetro, até que o corte retangular do cilindro esteja totalmente graduado. Deve-se lembrar de que, por convenção, a variação da grandeza dinamométrica é proporcional a variação da intensidade de força.

A distância compreendida entre dois traços consecutivos da escala corresponde a uma variação de força da unidade considerada.

A seguir passo a apresentar as diversas fases da construção de um dinamômetro.

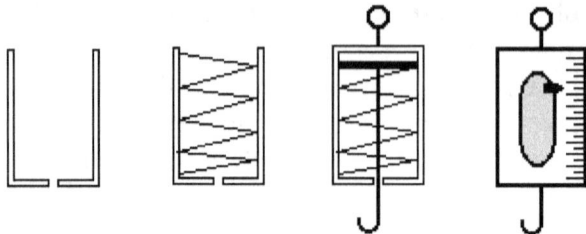

13. Ponto Absoluto da Elasticidade

A experiência comprova que, em certas condições, alguns fenômenos físicos só se processam na presença de uma força e outros se processam somente na ausência de forças. Um dos fenômenos que se processam na ausência de forças e que de certa forma apresenta um caráter particularmente importante na dinamometria é o *estado neutro da matéria*. Ou seja: "Na total ausência de forças externas a matéria encontra-se em seu estado natural, ou seja, na ausência de deformações".

Generalizando, conclui-se que. "Numa intensidade de força nula, a matéria não apresenta deformações".

Denominarei a referida lei da elasticidade por "ponto absoluto da elasticidade", visto que tal fenômeno é um ponto fixo, no qual se pode iniciar a computagem das intensidades de forças imprimida no dinamômetro.

As experiências têm mostrado que a intensidade de uma força, praticamente não tem limites. Isto significa que a intensidade da força é infinita, ou melhor, tende ao infinito.

Portanto, um dinamômetro ideal deverá apresentar as seguintes condições:

a) Deverá apresentar uma deformação nula quando a força for nula,

b) Deverá apresentar uma deformação infinita quando a intensidade de força tender ao infinito.

Do que foi exposto, passarei a expor o enunciado da lei de Leandro: "A intensidade de força pode apresentar-se sob o estado nulo, ou então, tender gradativamente a uma intensidade infinita".

Simbolicamente, o referido enunciado é expresso por:

$$F = 0$$

Ou

$$F = \infty$$

Na prática, jamais um dinamômetro de deformação poderá medir uma intensidade de força de índice infinito, pois as moléculas distancia-se tanto uma das outras que em um dado instante serão separadas, ocorrendo o fenômeno da ruptura do material elástico.

Quanto à energia, qualquer corpo elástico imprimido por uma intensidade de força maior que a do ponto absoluto da elasticidade, apresenta uma energia elástica.

CAPÍTULO II
Escalas Dinamométricas

1. Introdução

Neste capítulo apresento os estudos necessários para criação de uma escala arbitrária padronizada para medida de intensidade de força. Para definir uma escala dinamometrica, é imperativo observar os seguintes critérios:

a) Estabelecer dois pontos fixos fundamentais;

b) Distribuir valores de uma unidade qualquer de força entre esses dois pontos;

c) Escolher uma grandeza dinamometrica;

d) Convencionar que entre a grandeza dinamometrica selecionada e a intensidade de força exista uma correspondência qualquer. Por exemplo:

1º - escolhe-se o ponto do estado neutro da matéria e o ponto do limite da deformação elástica como pontos fixos fundamentais;

2º - atribui-se unidades com o valor zero ao ponto absoluto da elasticidade e o valor máximo de intensidade de força que permite o limite da deformação elástica;

3º - estabelecer-se como grandeza dinamométrica o comprimento aparente de uma mola ou um corpo elástico qualquer encenado em um estojo metálico;

4º - convenciona-se que a variação do comprimento aparente da mola e proporcional à variação da intensidade de força imprimida.

A escala assim definida recebeu o nome de "escala dinamométrica". Posso afirmar que essas convenções serão no futuro usado mundialmente.

2. Graduação de um Dinamômetro

Para efetuar a medição de intensidade de forças é necessário, recorrer, então, a certas grandezas chamadas por "grandezas dinamométricas", cujas variações sejam diretamente proporcionais às variações de forças.

O conjunto dos valores numéricos que pode assumir a força (F) constitui uma "escala dinamométrica", a qual é estabelecida ao ser graduar um dinamômetro.

Habitualmente, preferem-se as variações de comprimento (deformação por tração ou por compressão) dos corpos elásticos sólidos como grandeza dinamométrica. Estes corpos elásticos são, então, chamados "corpos elásticos" ou "corpos dinamoscópicos". Estes corpos, para serem aplicados nos dinamômetros devem preencher os seguintes requisitos:

a) Devem deformar-se muito, com a menor intensidade de força que lhe seja impressa, o que recomenda a utilização de corpos dinamoscópicos de alto "índice de elasticidade" ou de alta "intensidade elástica";

b) Devem deformar-se com certa regularidade;

c) Devem ultrapassar os limites da elasticidade, somente por intermédio de forças muito intensas. Ou seja, devem permanecer dentro do regime de deformações elásticas, na maioria dos casos.

Ao medir as intensidades de forças por intermédio das deformações da mola pode ser usada uma escala gravada no estojo do dinamômetro ou uma escala removível, ao lado do corpo dinamoscópico.

Para medir as forças existem várias escalas dinamométricas, cujo princípio de deformação baseia-se na deformação por tração ou por compressão; porém, o ponto de viste teórico no qual se fundamenta a escala é totalmente distinto entre si. Essas escalas são as seguintes:

1ª - Escala dinamométrica geral;
2ª - Escala dinamométrica convencional;
3ª - Escala dinamométrica calibrada.

Tais escalas são construídas de acordo com os princípios originados da necessidade de se ter um conhecimento da definição da unidade de força.

A – Princípio da Escala Dinamométrica Ideal

Essa escala é bastante simples, ela baseia-se na elasticidade da escala ideal, onde o índice numérico da deformação por tração, ou seja, o comprimento da deformação por tração correspondendo exatamente ao índice numérico da intensidade da força. Portanto, a escala de intensidade de força não passa de uma unidade de comprimento.

Assim, uma leitura na escala dinamométrica ideal, fornece simultaneamente a leitura da deformação e a leitura da intensidade de força.

Simbolicamente, nessa escala a intensidade de força é igual à deformação do corpo dinamoscópico.

$$\Delta F = \Delta L$$

Neste caso a deformação é nula qua a intensidade de força for nula, e a intensidade de força é (X), quando a variação do comprimento da deformação for (X). De tal modo que a intensidade elástica apresenta índice "um"; dessa maneira essa escala se mantém graduada de acordo com as unidades de comprimento. Aqui, as intensidades de forças correspondem exatamente às unidades de comprimento.

A força é definida com sendo a deformação do corpo elástico de intensidade elástica igual ao índice "um".

B – Escala Dinamométrica Convencional

Pode-se escolher uma unidade qualquer de comprimento para indicar a força, por intermédio de um corpo dinamoscópico qualquer, sem que isso contrarie a definição e desde que satisfaça à condição de que na ausência de uma intensidade qualquer de força; ou seja, uma força nula corresponde a uma deformação nula. Assim, tem-se a escala absoluta arbitrária. Onde a unidade de força é definida e convencionada com sendo a própria unidade de comprimento.

Nesse caso, quando se considera vários corpos dinamoscópicos para a mesma unidade de comprimento, verifica-se que cada um ao ser submetido à ação da mesma intensidade de força, passa a indicar um valor diferente para a mesma força. Portanto, na escala convencional, a intensidade elástica do corpo dinamoscópico também tem que ser convencionada. Pois, somente dessa maneira, e que os corpos dinamoscópico de mesma intensidade elástica e de mesma unidade de comprimento, podem indicar a mesma intensidade de força.

Quando definie-se uma escala, é necessário adotar dois pontos fixos. Quando se trata de uma escala absoluta, o ponto neutro da matéria é sempre um dos pontos fixos.

C – Escala Dinamométrica Calibrada

Nos casos anteriores as unidades de força foram definidas em função da intensidade elástica do corpo dinamoscópico e da unidade de comprimento considerada. Porém, quando a unidade de força encontra-se definida por outros fatores diferentes da elasticidade; como por exemplo, a escolha de uma intensidade de força padrão. Então, a escala ao ser construída tem a necessidade de ser calibrada de acordo com a unidade de força padrão.

Para a graduação de um dinamômetro comum de espiral longitudinal, procede-se do seguinte modo:

1º - Para a construção das escalas dinamométricas, é necessário determinar dois sistemas cujas forças que eles exercem sejam invariáveis no decorrer do tempo e que possam ser reproduzidos facilmente quando necessário e correspondam também a duas intensidades de forças perfeitamente definidas. Estes sistemas de forças conhecidas são tradicionalmente denominados por "ponto fixos", sendo usualmente escolhidos:

a – Primeiro ponto fixo (ponto absoluto da elasticidade). Esse ponto fundamenta-se no fato de que quando uma força é nula ela corresponde a uma deformação nula. Esse ponto caracteriza o estado neutro da matéria.

Afixa-se um corpo dinamoscópico por uma de suas extremidades a um referencial inercial, e na outra extremidade do referido corpo marca-se o traço zero quando a intensidade de força for nula.

O referido dinamômetro é um típico dinamômetro de deformação por tração.

b – Segundo ponto fixo (ponto de limite elástico). O segundo ponto fixo é verificado quando o corpo dinamoscópico sofre uma deformação máxima dentro dos limites elásticos.

2º - No Dinamômetro calibrado ocorrem dois fatores escalares:

Fator I – Pode-se utilizar como escala uma unidade de comprimento. Nesse caso, a leitura não corresponde à intensidade de força, mas sim ao comprimento da variação da deformação. Nesse caso é necessário efetuar cálculos para verificar a correspondente intensidade de força.

Fator II – Ou então, pode-se construir uma nova escala, com o objetivo de medir somente intensidade de forças. Nesse caso há a necessidade de uma graduação.

Neste fator, acrescenta-se o índice zero, quando a intensidade de força for nula. Em seguida, submeta o corpo elástico por uma de suas extremidades a uma intensidade de força que corresponda à unidade padrão; espera-se pelo equilíbrio elástico e marca-se o traço da unidade considerada na escala.

Verifica-se o ponto do limite elástico do corpo dinamoscópico e marca-se novamente um traço.

Posteriormente, deve-se distribuir a unidade entre o intervalo do ponto absoluto da elasticidade ao do limite elástico.

3º - O intervalo delimitado entre as marcações feitas (correspondentes aos pontos fixos) é dividido em partes iguais, Cada uma das partes em que fica dividido o intervalo é a unidade de força.

Atualmente todos os dinamômetros adotam o valor 0 (zero) para o ponto onde a intensidade da força e a deformação são nulas.

4º - Na escala anterior, de acordo com a graduação é possível ler diretamente a intensidade de força deformadora, sem a necessidade de se fazer cálculos.

De acordo com o primeiro fator a escala é uma unidade de comprimento e mede exatamente o comprimento da deformação linear.

Desse modo, a leitura escalar não corresponde à intensidade de força; mas sim, ao comprimento do alongamento sofrido pelo corpo elástico. Nesse caso, é necessário recorrer a cálculos, para cada intensidade de força imprimida no gancho do dinamômetro.

Sabendo-se que a cada deformação L, corresponde a uma intensidade de força aplicada, é possível estabelecer uma fórmula que permite converta o comprimento da deformação linear para a intensidade de força imprimida, bastando simplesmente igualar uma intensidade de força F, conhecida com o comprimento assumido pela deformação L, que essa força provoca. Assim, de acordo com princípio de Leandro:

$$F = L$$

$$F' = L'$$

Por regra de três simples e direta, pode-se por intermédio da leitura da escala e a aplicação da fórmula, obter-se a intensidade da nova força aplicada no dinamômetro.

$$F' = F . L'/L$$

Admitindo-se que no ponto de ação, a intensidade de força conhecida é uma unidade, isto é, que se tenha utilizado a definição de "Newton" ou de "Dina". Ou melhor, a unidade da força conhecida apresenta o índice unitário: F = 1 unidade. Pode-se então, reduzir a última expressão para:

$$F' = 1 . L'/L$$

Isto implica que:

$$F' = L'/L$$

Naturalmente, existem outros dinamômetros construídos com corpos dinamomscópicos de diferentes materiais e características. Note que a escala é uma só na verdade é a escala de comprimento, embora uma mesma intensidade de força possa resultar em diferentes comprimentos de deformação, para corpos dinamoscópicos constituídos de materiais distintos. Isto constitui dois problemas:

A - O problema de conversão de forças para um mesmo dinamômetro, resolvido pela expressão anterior. Conversão do comprimento da deformação indicada por uma nova intensidade de força, convertida para a intensidade unitária da força definida.

B - O problema de conversão de intensidade de força para diferentes dinamômetros será estudado no próximo item deste capítulo.

3. Conversão Entre Dinamômetros

Submeta a uma mesma intensidade de força uma série de dinamômetros graduados em diferentes escalas.

Com certa frequência, é necessário transformar uma indicação de um dinamômetro para outro ou vice-versa. Para obter-se a relação entre as leituras nos dois dinamômetros deve-se estabelecer a proporção entre os dinamômetros de acordo com o comprimento assumido pela deformação linear que ambos marcam quando são submetidos sob a ação de uma mesma intensidade de força.

Pode-se então obter facilmente uma relação entre as escalas, ou seja, tendo uma determinada intensidade de força numa escala, pode-se obtê-la em outra. Para isso, basta observar que, numa determinada escala, o número de divisões existentes num certo comprimento é proporcional a este.

Naturalmente, no equilíbrio elástico, cada uma das escalas fornecerá uma leitura. Estas diferentes leituras representam, em escalas diversas, uma mesma intensidade de força. Considere as seguintes escalas, representadas na figura:

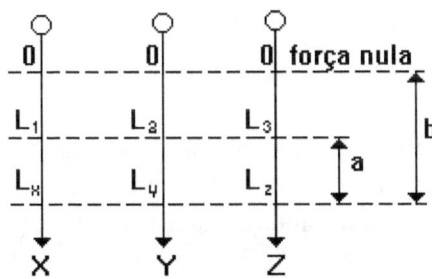

Seja (L_1) a leitura da deformação no dinamômetro (X); seja (L_2) a leitura da deformação no dinamômetro (Y) e seja (L_3) a leitura da deformação no dinamômetro (Z), para a intensidade de forma de um sistema dinamoscópico qualquer.

A relação entre os segmentos a e b não depende da unidade em que são expressos. E, (L_X, L_Y e L_Z), as variações de deformações sofridas pelos respectivos dinamômetros quando submetidas à ação de uma mesma intensidade de força conhecida.

Dessa maneira:

$$a/b = L_1 - 0/L_X - 0 = L_2 - 0/L_Y - 0 = L_3 - 0/L_Z - 0$$

Portanto:

$$L_1/L_X = L_2/L_Y = L_3/L_Z$$

Escolhendo as igualdades convenientes pode-se facilmente converter leituras de uma escala para outra.

4. Equação Dimensional da Força

Considera-se a força com a grandeza dinâmica fundamental. Representa-se a sua equação dimensional por [F].

5. Função Dinamométrica

As propriedades físicas mais comuns que variam com a força são as deformações de um corpo dinamoscópico. Existem vários tipos de dinamômetros que diferem um do outro pela "grandeza dinamometrica". Por exemplo, nos dinamômetros de mola, como os de espiral longitudinal, a grandeza dinamométrica é a deformação linear que ao varirar, faz mudar o comprimento do corpo dinamoscópico.

Nos dinamômetros de gás a grandeza dinamométrica é o volume do gás (se a temperatura permanece constante) ou a temperatura do gás (quando o volume é constante).

O hidrogênio se aproxima muito, no comportamento, a um gás ideal e sua compressão é razoavelmente linear, com a força aplicada numa faixa mais ou menos baixa. Isso o torna (embora ele seja de manipulação difícil e exija aparelhagem mais complexas) uma substância dinamométrica ideal. Nesse tipo de dinamômetro, mantém-se o volume constante e as variações de temperatura são acusadas por um Dermômetro acoplado a um dinamômetro. O dinamômetro de gás a volume constante utiliza as variações de pressão de um gás mantido a volume constante. O gás, normalmente hidrogênio ou hélio, é contido em um tubo no qual existe a presença de um embolo. Quando a força é impressa no extremo desse embolo, ele se desloca comprimindo o gás o que causa a diminuição do volume. E é exatamente este fato que é utilizado como medidas sensíveis.

A função dinamométrica adotada nesses dinamômetros é geralmente a do primeiro grau.

6. Equação Dinamométrica

Equação dinamométrica é aquela que permite estabelecer uma correspondência entre a grandeza dinamométrica considerada e a respectiva intensidade de força. Essa correspondência assume aspecto aproximadamente linear; portanto, a equação que a traduz é uma equação linear. Para exemplo, considerarei com grandeza dinamométrica o comprimento de uma mola. Designarei por (X_Z, X e X_U), respectivamente os comprimentos da mola correspondentes às intensidades de força do primeiro ponto fixo (estado neutro da matéria), de um ponto qualquer e do segundo ponto fixo.

Para cada escala, tem-se:

$$L_1 - 0/L_X - 0 = X - X_g/X_U - X_g$$

Isto implica que:

$$L_1/L_X = X - X_g/X_U - X_g$$

Sabendo-se que 1N (1 Newton) é igual 10^5 d (dinas):

$$1\ N = 10^5\ d$$

Então, a leitura na escala Newtoniana (L_N) e a leitura na escala dina (Ld), implicam que:

$$L_N/1 = Ld/10^5$$

Esta é a relação que permite a conversão das leituras entre as escalas.

Portanto, a equação dinamométrica para a escala Newtoniana é a seguinte:

$$L_N = X - X_g/X_U - X_g$$

Na escala dina:

$$Ld/10^5 = X - X_g/X_U - X_g$$

E assim estão estabelecidas as equações dinamométricas fundamentais.

7. Corpo Dinamoscópico Absoluto

Dois dinamômetros de molas que utilizam substâncias dinamométricas diferentes não possuem escalas concordantes. Portanto, de certa forma, é importante que se empregue uma escala dinamométrica absoluta e um corpo dinamoscópico absoluto. Ambos têm sobre as outras a vantagem de independer da substância dinamométrica.

8. Dinamômetro de Cursor Móvel

O dinamômetro de ponteiro-cursor móvel tem por finalidade a medição de intensidade de força instantânea ou tenta aproximadamente instantânea. Trata-se de um dinamômetro de mola de aço espiralada longitudinalmente, o ponteiro cursor em vez de ser afixado na mola, fica solto correndo em toda a extensão da escala, a finalidade de apenas correr pela escala é impossibilitar que logo depois na ausência da força, o ponteiro cursor restitui-se conjuntamente com a mola, por isso mesmo é deixado para correr livremente. Seria impossível tomar a intensidade de força exata, quando esta é instantaneamente; isso ocorre porque, quando tal força é retirada do dinamômetro, sua mola restitui-se rapidamente, em razão da diminuição da intensidade de força.

9. Força Interna

Quando se mantém a massa de um corpo elástico sob a ação de uma força qualquer, esse conjunto todo entra em equilíbrio elástico; ou seja, as forças elásticas e a de ação se equilibram de tal forma que uma anula o efeito da outra, assim a força elástica anula o deslocamento da força de ação, e esse sistema entra em repouso com um determinado grau de intensidade de força, o que mantém o corpo elástico deformado enquanto a força atuar. Entretanto se puder observar cada uma das massas pontuais que compõem as moléculas desse corpo elástico, verificaría-se que na tração elas se distanciam uma da outra e na compressão aproxima-se uma da outra, em relação ao equilíbrio normal, que mantém o corpo elástico constante na ausência de força. Como essas partículas na presença de uma força se deslocam do seu estado natural e na ausência das forças elas retornam ao estado natural, é lícito admitir que possuam uma força, que dá origem a conhecida força elástica. Evidentemente, a intensidade de força elástica que essas diminutas partículas exercem não é muito grande; mas convém lembrar que mesmo um pequeno corpo elástico contém milhões delas e, portanto, a soma das intensidades de forças de todas é considerável. A esta soma de forças elásticas, chamadas de forças internas do conjunto, desde que se trate de um corpo elástico, constituído por borracha, resinas ou por outro material dinamoscópico semelhante, e que não ocorra perda de força armazenada pelas partículas ou como se queira, massa pluntiformes, como ocorre quando o corpo dinamoscópico ultrapassa os limites das deformações elásticas.

Assim, entende-se por força interna de um corpo dinamoscópico de elasticidade ideal as somas das forças das partículas que o constituem. Num corpo dinamoscópico real, sua força interna é a soma das forças que as partículas exercem, das forças utilizadas para esquentar o corpo elástico etc. Como se pode verificar, quando o corpo dinanoscópico não é ideal, a situação interna torna-se mais complexa.

A força interna ou a energia interna pode ser entendida como força potencial ou energia potencial entre as partículas, que mantém a ligação de estrutura cristalina etc.

A força exercida por um gás, quando comprimido, é devido ao choque de partículas em oposição às forças que lhe é aplicada.

CAPÍTULO III
Elasticimetria

1. Introdução

Nesta parte estuda-se o princípio da conservação da quantidade elástica em corpos dinamoscópicos individuais ou então constituindo sistemas dinamoscópicos isolados de forças externas.

O princípio da conservação da quantidade elástica é fundamental para o desenvolvimento desta teoria da elasticidade.

Procuro discutir as grandezas ligadas às trocas de quantidade elástica e o processo pelo qual se pode efetuar a transmissão da quantidade elástica.

Neste capítulo procuro estabelecer a troca de quantidade elástica entre corpos que estão submetidos a diferentes intensidades de forças.

2. Definição de Elasticimetria

A parte da elasticidade que estuda as trocas de energia elástica entre sistemas, bem como se preocupa com suas medidas, é a elasticimetria.

A elasticimetria trata ainda das medições das quantidades elásticas que um dado corpo dinamoscópico ou sistema pode apresentar.

3. Primeira Lei da Equação Fundamental da Elasticimetria

Os fenômenos elásticos, da mesma forma que os fenômenos mecânicos ou quaisquer outros tipos de fenômeno físicos, envolvem sempre grandezas quantitatizadas. Na elasticimetria essa grandeza é denominada por: "Quantidade elástica".

A quantidade elástica é uma grandeza vetorial. Essa grandeza é muito importante para a análise das deformações elásticas oriundas dos mais variados corpos e sistemas dinamoscópicos. Neste item passarei a estabelecer um princípio de conservação: a conservação da quantidade elástica.

Considere um sistema dinamoscópico apresentando um corpo dinamoscópico submetido à ação da intensidade de uma força (F), esse corpo passa então a sofrer uma variação de deformação (ΔL) em relação a um determinado referencial, no caso um referencial inercial. A quantidade elástica desse sistema é a grandeza vetorial.

$$\overrightarrow{Q} = \overrightarrow{F} . \overrightarrow{\Delta L}$$

A quantidade elástica é uma grandeza vetorial e, portanto apresenta: intensidade, direção e sentido.

a - intensidade: (módulo) $|\overrightarrow{Q}| = |\overrightarrow{F}| . |\overrightarrow{\Delta L}|$

b - direção: a mesma de $\overrightarrow{\Delta F}$ (paralela a $\overrightarrow{\Delta F}$)

c - sentido: o mesmo de $\overrightarrow{\Delta F}$.

Portanto, a equação fundamental da elasticimetria é enunciada nos seguintes termos:

"A quantidade elástica resultante de um mesmo corpo dinamoscópico ou sistema é igual ao produto entre a variação da força imprimida nesse corpo e a respectiva variação de deformação".

Simbolicamente, o referido enunciado é expresso pelo seguinte produto:

$$\vec{Q} = \overrightarrow{\Delta F} \cdot \overrightarrow{\Delta L}$$

Essa é a equação fundamental da elasticimetria e versa sobre a quantidade elástica de validade geral para qualquer tipo de sistema dinamoscópico.

O referido enunciado introduz o conceito de quantidade elástica e estabelece um critério para a medida dessa quantidade.

4. Unidade de Quantidade Elástica

Espero que no sistema internacional de unidades, a unidade da quantidade elástica adotada seja o Newton x metro (N . m) e seus derivados. Estas unidades não têm nome especial e são equivalentes.

Em outros termos diz-se que a unidade de quantidade elástica é igual à unidade de força multiplicada pela unidade de comprimento.

5. Gráfico da Quantidade Elástica

Quando um corpo dinamoscópico qualquer é submetido à ação de uma força qualquer. Essa força ($\vec{F}$) não é constante e sua intensidade varia em função da deformação de acordo com o gráfico que se segue:

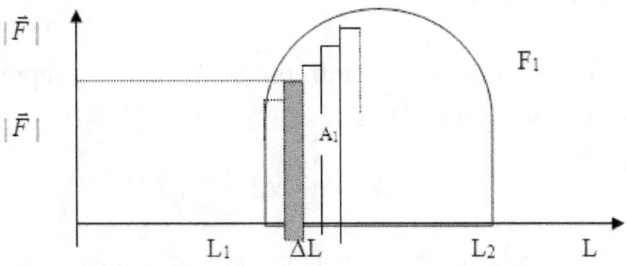

Observe que:

$$|\vec{Q}| = \vec{F} \cdot \Delta \vec{L}$$, e que (A_1) corresponde ao número que fornece a área sombreada.

Portanto, para a determinação da quantidade elástica deve-se recorrer ao cálculo de áreas. A área (A_1) sombreada no gráfico representa numericamente a quantidade elástica num intervalo de deformação muito curto.

A soma de áreas como a anterior é a área total (A) sob a curva da função e o lixo das deformações (de acordo com o próximo gráfico) que numericamente é a quantidade elástica da força do intervalo de deformação que se estende de (L_1 a L_2).

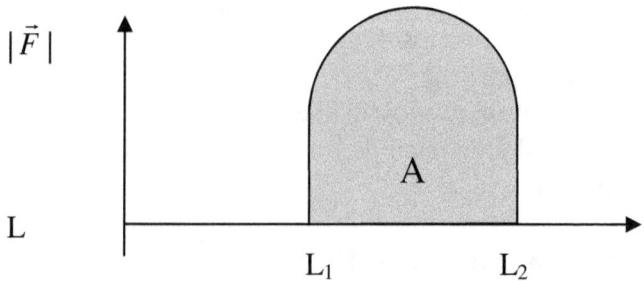

Devo lembrar que:

($|\vec{Q}|$ = A) e que (A) é igual ao número que fornece a área sombreada do gráfico.

6. Notação Escalar

Para um início de estudo passarei sempre a representar a equação fundamental da elasticimetria, em sua forma escalar.
Portanto:

$$Q = \Delta F \cdot \Delta L$$

Essa equação é enunciada nos seguintes termos: "a quantidade elástica de um corpo ou sistema dinamoscópico é igual ao produto entre a variação da intensidade da força imprimida pela variação da deformação resultante".

7. Segunda Lei da Quantidade Elástica

A segunda lei sobre a quantidade elástica versa o seguinte; sabe-se que a quantidade elástica de um corpo ou sistema dinamoscópico é dado pelo seguinte enunciado: "A quantidade elástica de um corpo ou sistema dinamoscópico é igual ao produto entre a variação da intensidade de força imprimida no referido sistema pela variação de deformação".

Simbolicamente, o referido enunciado é expresso por:

$$Q = \Delta F \cdot \Delta L$$

Nas leis da intensidade elástica, a primeira lei de Leandro é enunciada nos seguintes termos:
"A intensidade elástica de um corpo dinamoscópico é igual ao quociente da variação da deformação resultante no corpo dinamoscópico inversa pela variação de intensidade de força imprimida no referido corpo".

Simbolicamente, o referido enunciado é expresso pela seguinte relação:

$$i = \Delta L / \Delta F$$

Portanto, conclui-se que a variação de deformação é igual ao produto entre a intensidade elástica do corpo dinamoscópico pela variação da intensidade de força imprimida no mesmo.

Simbolicamente:

$$\Delta L = i \cdot \Delta F$$

que:

Substituindo convenientemente essas duas leis, resulta

$$Q = \Delta F \cdot \Delta L$$

Com

$$\Delta L = i \cdot \Delta F$$

Conclui-se que:

$$Q = \Delta F \cdot (i \cdot \Delta F)$$

Logo resulta que:

$$Q = i \cdot \Delta F^2$$

Um corpo dinamoscópico submetido à ação de uma força equivale exclusivamente em deformação provocada pela ação da força; daí ser prático dizer que um corpo dinamoscópico equivale à quantidade elástica que recebe do sistema considerado.

A segunda lei da quantidade elástica pode, assim, ser enunciada:

"A quantidade elástica resultante da deformação, de um corpo ou sistema dinamoscópico, é igual à intensidade elástica em produto com o quadrado da intensidade da força imprimida".

Portanto, a quantidade elástica depende da intensidade elástica do corpo ou sistema dinamoscópico considerado.

8. Terceira Lei da Quantidade Elástica

Mantendo-se constante uma variação de deformação (ΔL) nos terminais de um corpo dinamoscópico de intensidade elástica (i), a intensidade da força imprimida é dada pela primeira lei de Leandro e, portanto, passa a ser enunciada nos seguintes termos:

"A variação da intensidade de força imprimida em um corpo dinamoscópico é igual ao quociente da variação da deformação resultante no corpo dinamoscópico, inversa pela intensidade elástica do mesmo".

Simbolicamente, o referido enunciado é expresso pela seguinte relação:

$$\Delta F = \Delta L/i$$

Nessas condições, a quantidade elástica resultante no corpo dinamoscópico ou resultante no sistema dinamoscópico é igual ao produto entre a intensidade elástica pelo quadrado da variação da intensidade de força imprimida no referido corpo ou sistema.

Simbolicamente, o referido enunciado é expresso por:

$$Q = i \cdot \Delta F^2$$

Substituindo, convenientemente, as referidas expressões, resulta seguinte:

$$Q = i \cdot \Delta F^2$$

Mas

$$\Delta F = \Delta L/i$$

Logo:

$$\Delta F^2 = \Delta L^2/i^2$$

Substituindo esse resultado na segunda lei da quantidade elástica, resulta que:

$$Q = i \cdot \Delta L^2 / i^2$$

Eliminando os termos em evidencia, resulta que:

$$Q = \Delta L^2 / i$$

Portanto, conclui-se que: "A quantidade elástica resultante em um corpo ou sistema dinamoscópico é igual ao quociente do quadrado da variação da deformação resultante no referido corpo ou sistema, inversa pela intensidade elástica".

9. Equilíbrio Dinamoscópico

Considere um corpo dinamoscópico afixado a um referencial inercial por meio de uma de suas extremidades, e na outra lhe seja impressa uma intensidade de força; naturalmente esse corpo sofre uma deformação.

Considere novamente, outro corpo dinamoscópico qualquer, que também esteja afixado por uma de suas extremidades a um referencial inercial, e que a outra extremidade esteja ou não submetida à ação de uma intensidade de força.

Suponha agora, que as extremidades livres de cada um dos corpos dinamoscópicos sejam unidas, constituindo nesse ponto de acoplamento, o que tenho denominado por "nó".

A seguinte figura mostra o que acabei de afirmar: Esse sistema dinamoscópico é denominado por ponte simples de Leandro.

Onde:

A e B são os referenciais inerciais

i_1 e i_2 são os corpos dinamoscópico considerado

N corresponde ao nó puntiforme do sistema dinamoscópico em observação

Nesta experiência, pode-se verificar que ao liberar o nó do sistema dinamoscópico considerado. O corpo dinamoscópico que apresenta uma maior intensidade de força elástica armazenada tenderá a tracionar o corpo dinamoscópico que não apresenta ou apresenta uma menor intensidade de força elástica armazenada, o que é observável pelo sentido do deslocamento dono pluntiforme.

Se a intensidade de força no corpo dinamoscópico (i_1) é maior que no corpo dinamoscópico (i_2), ocorre o que se poderia chamar uma transferência de intensidade de força do primeiro para o segundo, até que se estabeleça o equilíbrio elástico, que no caso de sistemas dinamoscópicos de tal natureza é denominado por "equilíbrio dinamoscópico".

Por outro lado, uma análise da variação das deformações entre os corpos dinamoscópicos do sistema considerado, revela que a deformação do corpo de maior intensidade de força elástica armazenada tende a retrair-se ao passo que a variação da deformação do corpo de menor intensidade de força armazenada tende a ser tracionada pelo corpo dinamoscópico de maior intensidade de força armazenada.

A experiência mostra que à medida que a deformação de um corpo e tracionada, a do outro simultaneamente é retraída, de tal forma que uma deformação ocupa o lugar da outra e, portanto se mantém constante.

Se por outra forma, ambos os corpos dinamoscópicos apresentarem a mesma intensidade de força elástica armazenada, ao ocorrer o acoplamento do nó pluntiforme, os corpos dinamoscópicos passarão a tracionarem-se reciprocamente com a mesma intensidade de força e, portanto, tendem a manter sua deformação primitiva e, logicamente, esse repouso mantém o nó pluntiforme na posição de equilíbrio. Portanto, no equilíbrio dinamoscópico ($F_1 = F_2 = F_3 = ... F_N$).

10. Princípio da Conservação da Força Elástica no Equilíbrio Dinamoscópico

Colocando-se em contato dois corpos dinamoscópicos, na ponte simples de Leandro; ou seja, ao ocorrer o acoplamento entre os dois corpos dinamoscópicos que constituem a ponte de Leandro, com um dos corpos (A) armazenado com uma intensidade de força elástica (F_1) e outro corpo (B) armazenado com uma intensidade de força elástica (F_2) menor que a do primeiro corpo dinamoscópico e até mesma nula.

De fato, se o corpo dinamoscópico (A) estiver armazenado com a força (F_1), então, ao entrar em contato com o corpo dinamoscópico (B), o nó pluntiforme vai deslocar-se no sentido do corpo dinamoscópico que possuir a maior intensidade de força elástica armazenada. O referido nó somente entra em repouso quando ocorrer o equilíbrio de forças entre os corpos dinamoscópicos que constituem a ponte de Leandro.

Considerando os corpos dinamoscópicos (A) e (B) com suas respectivas intensidades de forças elásticas (F_1) e (F_2), após o equilíbrio dinamoscópico, ambos terão forças elásticas armazenadas de intensidades iguais.

Portanto, na ponte simples de Leandro, a média entre a intensidade de força em cada um dos corpos dinamoscópico é dada pela seguinte lei:

"A intensidade de força armazenada em cada corpo dinamoscópico é igual à somatória das forças imprimida em todos os corpos dinamoscópicos dividido pelo número de corpos considerado no sistema dinamoscópico".

Simbolicamente, a referida lei é expressa pela seguinte relação:

$$F_X = \Sigma F_n/n$$

É evidente que no momento do acoplamento, a intensidade de força armazenada entre os corpos dinamoscópicos que constituem a ponte de Leandro é distinta uma das outra e, somente quando o nó pluntiforme entra em repouso, ou seja, quando ocorre o equilíbrio dinamoscópico é que essas intensidades de forças se igualam. Narualmente a quantidade das intensidades das forças, antes e depois permanece constante, o que sugere o princípio da conservação da força elástica em um sistema adinamoscópico. Esse princípio é enunciado nos seguintes termos:

"Em um sistema dinamoscópico isolado, a soma algébrica das intensidades das forças elásticas armazenada entre os corpos dinamoscoicos antes do equilíbrio dinamoscópico é igual à soma algébrica das intensidades das forças elásticas armazenadas entre os corpos dinamoscópicos depois do equilíbrio dinamoscópico".

De acordo com o princípio da conservação da força elástica, a força elástica total entre os corpos dinamoscópicos, antes é igual à força elástica total entre os corpos dinamoscópicos depois.

Embora ocorra o equilíbrio dessas forças, de tal forma que cada um dos corpos dinamoscópicos da ponte simples de Leandro, possui exatamente a média da intensidade da força elástica integralmente armazenada no sistema dinamoscópico.

Assim é expresso matematicamente o princípio da conservação da força elástica em uma ponte de Leandro com dois corpos dinamoscópicos associados:

$$F_1 + F_2 = F'_1 + F'_2$$

Além do presente princípio, pode-se generalizar uma das leis sobre as quais se fundamenta a estática. A referida lei é enunciada do seguinte modo:

"Toda e qualquer força elástica de intensidade constante, ao opor-se a outra, tende sempre a equilibrar-se, de tal modo que uma anula os efeitos da outra".

A referida lei tem sido comumente chamada por lei dos efeitos estáticos de Leandro.

11. Princípio da Conservação da Deformação Elástica no Equilíbrio Dinamoscópico

Quando ocorre o acoplamento dos dois corpos dinamoscópicos na ponte simples de Leandro, o nó pluntiforme surge; e ao ser liberado ele desloca-se; ou melhor, é tracionado no sentido do corpo dinamoscópico que possuir maior intensidade de força elástica armazenada.

Verifica-se experimentalmente que na ponte simples de Leandro a variação da deformação entre os dois corpos dinamoscópicos permanece constante.

Logicamente, isso é possível porque à medida que um corpo dinamoscópico restitui-se por possuir uma intensidade muito grande de forças elástica armazenada; o outro corpo dinamoscópico é tracionado por aquele devido ao fato de apresentar uma pequena intensidade de forças elástica armazenada. Depois disso, o sistema adinamoscópico da ponte de Leandro entra em equilíbrio dinamoscoico, o que pode ser verificado pelo repouso do nó pluntiforme.

O princípio da conservação da deformação elástica pode ser assim enunciado:

"Em um sistema dinamoscópico isolado, a soma algébrica das variações das deformações entre os corpos dinamoscópicos no acoplamento é igual à soma algébrica das variações da deformação entre os mesmos corpos dinamoscópicos quando ocorre o equilíbrio dinamoscópico".

Para exemplificar considere dois corpos dinamoscópicos (A) e (B) constituindo a ponte de Leandro, com deformações elásticas (ΔL_1) e (ΔL_2) respectivamente. Admita que, ao ocorrer o acoplamento entre os corpos dinamoscópicos, ocorra uma troca de deformações entre os corpos, até que atinja o equilíbrio dinamoscópico, e sejam, respectivamente, ($\Delta L'_1$) e ($\Delta L'_2$) as novas deformações de (A) e (B).

De acordo com o princípio da conservação das deformações elásticas, a deformação elástica total, antes é igual à deformação elástica total depois, isto é:

$$\Delta L_1 + \Delta L_2 = \Delta L'_1 + \Delta L'_2 = \text{constante}$$

12. Princípio da Conservação da Quantidade Elástica no Sistema Dinamoscópico

A elasticimetria contém duas leis de conservação, cuja importância é fundamental – a lei da conservação da intensidade de força elástica em sistemas dinamoscópicos e a lei da conservação da deformação no referido sistema, em aparência completamente diferente entre si. Através da quantidade elástica elas se fundem em um único princípio.

Sabe-se que a intensidade de forças elástica armazenada em um sistema dinamoscópico permanece constante, antes e depois do equilíbrio dinamoscópico, embora ela distribui-se igualmente no sistema dinamoscópico.

Também, sabe-se que a variação da deformação é constante, tanto antes como depois do equilíbrio dinamoscópico, embora os corpos dinamoscópicos deformam-se internamente antes do nó pluntiforme entrar em repouso. Ou seja, na medida em que um corpo dinamoscópico se contrai o outro se estende, mantendo a variação da deformação constante no sistema.

Ora, se a intensidade de força elástica no sistema dinamoscoico e se a varião de deformação no sistema dinamoscópico permanecem constantes, antes e depois do equilíbrio dinamoscópico, então, conclui-se que a quantidade elástica permanece constante antes e depois do equilíbrio dinamoscópico do sistema. Pois a quantidade elástica é igual ao produto entre a intensidade de força pela variação de deformação.

Portanto, o enunciado da lei da conservação da quantidade elástica é apresentado nos seguintes termos:

"Em um sistema dinamoscópico isolado, a soma algébrica das quantidades elásticas armazenada entre os corpos dinamoscópicos antes do equilíbrio dinamoscóoico é igual à soma algébrica das quantidades elásticas presente entre os copos dinamoscópicos depois do equilíbrio dinamoscópico".

Simbolicamente, o referido enunciado é expresso por:

$$Q_1 + Q_2 = Q'_1 + Q'_2$$

E assim está exposta a lei que traduz a conservação da quantidade elástica em sistemas dinamoscópicos.

A seguir vou procurar estabelecer alguns princípios sobre os quais venho procurando fundamentar a elasticimetria.

13. Primeiro Princípio de Elasticimetria

Especificamente com relação ao estudo da elasticimetria, considerarei a quantidade elástica como uma modalidade de energia que se transfere de um corpo para outro, graças exclusivamente à existência de uma diferença de intensidade de força entre eles.

Nesse sentido pude verificar experimentalmente o que denominei por primeiro princípio da elasticimetria; que é enunciado nos seguintes termos:

"A quantidade elástica somente pode passar de um corpo dinamoscópico de intensidade de força elástica mais alta para outro de intensidade de força elástica mais baixa".

Achei conveniente introduzir esse princípio em elasticimetria porque ele permite verificar os corpos que cedem quantidade elástica e quais os corpos que o recebem.

14. Princípio da Transformação Inversão

Verifica-se experimentalmente que em um sistema dinamoscoico, quando um corpo dinamoscópico de maior intensidade de força elástica armazenada cede uma determinada quantidade elástica o outro corpo dinamoscópico de menor intensidade de força elástica, recebe exatamente a determinada quantidade elástica cedida pelo primeiro, se inverter, ocorrerá o contrário.

Baseado nesse resultado em outras verificações pôde enunciar o que tenho denominado por princípio das transformações inversas. Esse princípio é enunciado nos seguintes termos:

"A quantidade elástica recebida por um sistema durante uma determinada transformação é igual à quantidade elástica cedida pelo mesmo durante a transformação inversa".

15. Critério na Análise de Intensidade de Força e Quantidade Elástica

Quando a intensidade de força elástica de um corpo dinamoscópico se eleva, este recebeu uma quantidade elástica. Se a intensidade da força elástica de um corpo dinamoscópico diminui, é porque este cedeu uma determinada quantidade elástica. Esta diferença é analisada de acordo com o seguinte critério:

a) Elevação de intensidade de forças elástica → quantidade elástica recebida

$$\Delta F = F_f - F_i$$

Se

$$F_f > F_i$$
$$\Delta F > 0$$
$$Q > 0$$

b) Abaixamento de intensidade de força elástica → quantidade elástica cedida

$$\Delta F = F_f - F_i$$

Se

$$F_f < F_i$$
$$\Lambda F < 0$$
$$Q < 0$$

16. Princípio Geral que Rege Igualdade das Trocas de Quantidade Elástica

"Se dois ou mais corpos dinamoscópicos estão em equilíbrio dinamoscópico; então, contém um sistema isolado, a soma das quantidades elásticas cedidas por uns é igual à soma das quantidades elásticas recebidas pelos outros".

Devo lembrar que sistema isolado é aquele que não troca energia de qualquer espécie com o meio ambiente.

O princípio das trocas de quantidade elástica é uma consequência do princípio da conservação da energia que, em última análise vem a ser um dos princípios fundamentais da dinâmica elástica.

Considere, por exemplo, um sistema dinamoscópico constituído por três corpos (A, B e C) e elasticamente isolado do meio ambiente, pois somente assim, sua energia elástica total permanece sempre constante. Suponha então que os três corpos estejam inicialmente submetidos a intensidades de forças diferentes e que o corpo A ceda uma quantidade elástica. Devido ao isolamento do sistema a quantidade elástica cedida por (A) só pode ser recebida por B e C. Portanto, a quantidade elástica cedida por (A) (Q_a) é exatamente igual à soma das quantidades elásticas recebidas por (B) e (C) ($Q_b + Q_c$).

$$Q_a = Q_b + Q_c$$

Por uma questão de convenção, a quantidade elástica recebida será considerada sempre com sinal positivo, enquanto a quantidade elástica cedida com sinal negativo. Simbolicamente, tem-se:

a) Q recebido > 0

b) Q recebido < 0

Em decorrência disso e levando em conta que a quantidade elástica recebida é igual à de quantidade elástica cedida (sistema isolado), pode-se assim concluir que:

$$Q_{recebida} + Q_{cedida} = 0$$

Genericamente, para um sistema de corpos isolado elasticamente do meio externo, pode-se escrever:

$$\Sigma Q_{rec.} + \Sigma Q_{ced.} = 0$$

Posso então enunciar o princípio geral que rege as trocas de quantidade elástica:

"Se dois ou mais corpos trocam quantidade elástica entre si, a soma algébrica das quantidades elásticas trocadas pelos corpos, até o estabelecimento do equilíbrio dinamoscópico será nula".

Ou ainda, de modo mais geral:

$$\Sigma Q = 0$$

Convém lembrar que dois ou mais corpos, submetidos inicialmente a intensidades de forças diferentes, trocam quantidade elástica entre si até atingirem o equilíbrio dinamoscópico; ou seja, até apresentarem idênticas intensidades de forças.

17. Equação Elasticimetrica

Equação elasticimétrica é aquela que relaciona as quantidades elásticas postas em jogo num sistema dinamoscópico, obedecendo aos princípios da elasticimetria. Observe, então, como se procede na prática.

Inicialmente imprime-se no corpo considerado uma determinada intensidade de força. Verifica-se então qual a intensidade de força inicial do sistema dinamoscópico. Em seguida, o corpo submetido à ação da intensidade de força é introduzido no interior do sistema dinamoscópico, havendo dessa forma troca quantidade elástica entre o corpo e o sistema dinamoscoico, até que o sistema entre em equilíbrio dinamoscoico. Assim, usando o princípio da conservação da quantidade elástica e admitindo o sistema dinamoscópico como sendo ideal, tem-se:

$$Q_{\text{rec. (sistema dinamoscópico)}} + Q_{\text{ced. (corpo)}} = 0$$

18. Energia Elástica em Trânsito

Considere dois corpos (A) e (B) em diferentes intensidades de forças (F_A) e (F_B), tais que ($F_A > F_B$). Colocando-os em presença, ligando-os uns aos outros constituindo a ponte de Leandro, verifica-se que a energia elástica é transferida de (A para B). Essa é o que tenho denominado por energia elástica em trânsito. A passagem da energia cessa quando é alcançado o equilíbrio dinamoscópico, isto é, quando as intensidades de forças se igualam.

Portanto, a energia elástica em trânsito somente ocorre entre corpos submetidos inicialmente a diferentes intensidades de força.

19. Energia Elástica Armazenada por um Corpo Dinamoscópico

Quando um corpo dinamoscópico sofre uma deformação dentro dos limites elásticos, a intensidade de força imprimida é diretamente proporcional à variação da deformação. Essa força imprimida é tal que se oponhe ao sentido da força elástica resultante, o que tende a trazer o corpo dinamoscópico à sua situação de equilíbrio elástico ou em alguns casos na situação de equilíbrio dinamoscópico.

Para calcular a energia da força elástica armazenada em um corpo dinamoscópico, deve-se utilizar um gráfico, pois a intensidade da força elástica não é constante em qualquer ponto da deformação, mas sim, varia em função da variação da deformação.

No seguinte gráfico, verifica-se que a energia da força elástica resultante em um corpo dinamoscópico é numericamente igual à área sombreada na figura.

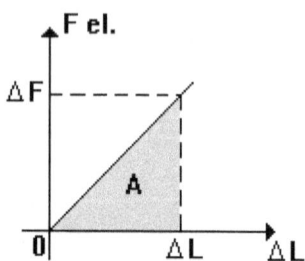

A = área do triângulo

No caso, a figura geométrica é um triângulo e sua área é dada pelo produto da base pela altura, ou seja:

$$A = \Delta F \cdot \Delta L/2$$

Como a energia elástica resultante é numericamente igual à área do triângulo; simbolicamente expressa por:

$$E \underset{=}{N} A$$

Portanto, com relação à última fórmula, resulta que:

$$E = \Delta F \cdot \Delta L/2$$

Considere um sistema dinamoscópico qualquer. Ao imprimir uma força o corpo dinamoscópico se carrega e armazena uma força elástica. Sendo sua intensidade elástica (i = $\Delta L/\Delta F$), resulta que a intensidade de força que carrega o corpo dinamoscópico é, em cada instante, diretamente proporcional à sua deformação.

Sabendo-se que a quantidade elástica é igual ao produto entre a variação da intensidade de força pela variação da deformação; então substituindo na fórmula da energia elástica resulta que:

$$E = Q/2$$

Portanto, conclui-se que a energia elástica é exatamente igual à metade da quantidade elástica.

Sabendo-se que a quantidade elástica é igual ao produto entre a intensidade elástica pela variação do quadrado da intensidade da força elástica, então, substituindo a referida lei na fórmula da energia elástica, resulta que:

$$E = \tfrac{1}{2}\, i \cdot \Delta F^2$$

Ainda é possível estabelecer uma nova fórmula para a energia elástica.

Pois, sabe-se que a quantidade elástica é igual ao quociente da variação do quadrado da deformação, inversa pela intensidade elástica; então substituindo convenientemente na fórmula da energia elástica, resulta que:

$$E = \tfrac{1}{2} \cdot \Delta L^2/i$$

E assim estabeleci as principais leis da energia elástica resultante em um corpo dinamoscópico.

A intensidade de força imprimida ao carregar o corpo dinamoscópico forneceu-lhe energia elástica E. Esta energia elástica armazenada pelo corpo dinamoscópico é dada, numericamente, pela área de um triângulo descrito em um gráfico.

Verificou-se a pouco que a energia elástica de um corpo dinamoscópico é igual à metade da quantidade elástica, isso significa que os princípios aplicados na lei da quantidade elástica, se aplicam perfeitamente ao princípio da energia elástica.

Observe que a energia elástica de uma associação qualquer dos corpos dinamoscópicos é a soma das energias elásticas dos corpos dinamoscópicos associados e ainda, iguais à energia elástica do corpo dinamoscópico resultante, ou seja, equivalente.

20. Unidades de Energia

A fórmula de definição de Energia permite escrever:

$$U (E) = \frac{1}{2} . U (F) . U (L)$$

CAPÍTULO IV
Deformação Por Tração

1. Introdução

O aumento da intensidade de força, geralmente acarreta nos corpos dinamoscópicos, um aumento em suas dimensões.

Experimentalmente, são estabelecidas leis para relacionar as variações das dimensões com as variações de intensidade de forças correspondentes. Essas leis são estudadas no presente capítulo.

É fácil comprovar experimentalmente que ao se imprimir uma intensidade de força, por exemplo, um corpo sólido como uma borracha, seu volume aumenta. O fenômeno pode ser observado com a utilização de uma cuba com água. Esse método é composto da seguinte maneira: corpo dinamoscópico por uma argola no fundo da cuba e na outra extremidade do corpo é amarrado um pedaço de foi de aço muito delgado. Em seguida coloca-se água na cuba até um determinado nível, graduado na própria cuba; naturalmente, esse nivelamente é realizado com corpo na total ausência de forças.

Entretanto, ao segurar a extremidade livre do fio de aço delgado é imprimir uma intensidade de força, o corpo dinamoscópico passa a sofrer uma deformação, de tal forma que o volume nivelado do líquido aumenta; isso simplesmente leva a concluir que o corpo dinamoscópico sofreu um aumento de volume.

É evidente que, se for diminuída a intensidade de força imprimida em um corpo, este sofrerá uma contração, isso pode ser observado pela diminuição do volume do líquido no interior da cuba.

Observe que este problema ilustra como se determina, diretamente, as constantes volumétricas de um corpo dinamoscópico sólido pelo método de Leandro. Costumo denominar por "deformação elástica", ou simplesmente "deformação", ao fenômeno pelo qual um corpo dinamoscópico varia as suas dimensões geométricas quando se modifica a intensidade de força submetida a esse corpo.

2. Definições

Após o estudo da força e de sua medida, feito no capítulo anterior, agora passo a considerar matematicamente um dos efeitos da força: *a deformação*.

Todo corpo submetido à ação de uma força sofre variações em suas dimensões, chamo a isso por deformação dinamoscópica.

A – Geralmente, quando aumenta a intensidade de força imprimida em um corpo dinamoscópico, suas dimensões aumentam: é o fenômeno que classifiquei por "deformação elástica por tração". Ocorre a "contração elástica" ou a "restituição elástica" quando ocorrer uma diminuição das dimensões do referido corpo, em virtude da diminuição da intensidade da força imprimida.

Portanto, quando a intensidade da força imprimida aumenta e em consequência ocorre o aumento da deformação; tem-se, então, a classificação da deformação elástica por tração.

Simbolicamente, a deformação elástica por tração é caracterizada por:

$$F > \Leftrightarrow > L$$

B – Quando aumenta a intensidade da força aplicada em um corpo dinamoscópico, e as suas dimensões diminuem em relação ao seu estado natural: é o fenômeno que denominei por "deformação elástica por compressão". Nos corpos dinamoscópicos, cuja deformação é realizada por compressão, ocorre a "expansão" ou "restituição elástica" ao ocorrer o aumento das dimensões do corpo elástico, em virtude da diminuição da intensidade da força imprimida.

Portanto, quando a intensidade da força imprimida aumenta e em consequências ocorre a diminuição da deformação; tem-se, então a classificação da deformação elástica por compressão.

Simbolicamente, a deformação elástica por compressão é caracterizada por:

$$F > \Leftrightarrow < L$$

A deformação por tração de um corp dinamoscópico, causa uma reparação da distância entre as massas pluntiformes e em consequência ocorre um aumento nas dimensões do corpo elástico; ocorrendo fenômeno inverso na compressão. Portanto as deformações podem aumentar ou diminuir quando a intensidade de força aumenta.

3. Classificação das Deformações

Cotidianamente os indivíduos deparam com fatos comprovadores de que os sólidos sofrem variações em suas dimensões devido a mudanças de intensidade de forças.

Como esses fatos são muitos; então, por conveniência didática, procurei realizar o estudo das deformações elásticas dos corpos sólidos da seguinte maneira:

a) Deformação Linear
$$\left\{ \begin{array}{l} \text{Deformação elástica por tração} \\ \\ \text{Deformação elástica por compressão} \end{array} \right.$$

b) Deformação Superficial

c) Deformação Volumétrica

$\left\{\begin{array}{l} \text{Variação} \quad \text{de} \quad \text{volume} \\ \text{sólido} \\ \\ \text{Variação} \quad \text{de} \quad \text{volume} \\ \text{líquido} \end{array}\right.$

Deformação Linear

Quando se considera apenas a variação de uma das dimensões do corpo com a força, costumo classifica-la como uma "deformação linear".

A deformação linear realiza o estudo da "deformação por tração" e da "deformação por compressão".

As deformações oriundas de um fio homogêneo, provocada pela ação de uma intensidade de força imprimida na direção longitudinal são denominadas por "deformação linear" e compreende o estudo da "deformação por tração" e da "deformação por compressão". Genericamente, quando a deformação é observada em uma única direção; ou seja, quando se considera apenas a variação do comprimento do corpo dinamoscópico, a deformação é chamada linear.

Deformação Superficial

Quando se considera a variação da superfície de um corpo dinamoscópico (ou da área de uma secção) com a temperatura, costumo denomina-la por "deformação superficial".

Dessa maneira, a deformação superficial estuda o aumento da área de uma superfície elástica, como a de um encerado elástico, com intensidade de forças imprimida no sentido do comprimento e da largura.

Deformação Volumétrica

Analogamente, a "deformação é volumétrica" ou "cúbica", quando se considera a variação do volume do corpo dinamoscópico com a intensidade de força imprimida.

Portanto, a deformação volumétrica estuda o aumento do volume de um corpo elástico, como a uma bexiga elástica ou um cubo ou paralelepípedo elástico com intensidades de forças sendo impressa em todas as dimensões. Dessa maneira, quando se considera a deformação do comprimento, da largura e da altura a deformação é dita volumétrica.

Convém frisar que as três deformações "linear, superficial e volumétrica", não ocorre simultaneamente. Quando um corpo dinamoscópico tem seu comprimento aumentado, sua secção em certas condições, praticamente não varia, embora o volume aumente devido ao aumento no comprimento. No entanto, na deformação linear, o comprimento da de formação por tração é a dimensão predominante.

Quanto aos fluídos, o fato de eles não apresentarem uma forma própria e estarem contidos em recipientes sólidos, obriga a estudar apenas a deformação volumétrica de um fluído contido em um tubo.

Verifiquei que tanto os sólidos como os líquidos e ainda os gases, de acordo com os princípios da elasticidade, são perfeitamente deformáveis. Estes últimos em certas condições são os que mais se deformam enquanto que as barras metálicas sólidas são os corpos dinamoscópicos que apresentam menor variação de deformação.

4. Deformação Linear

Verificou-se a pouco que o estudo da deformação linear encontra-se dividido no estudo da deformação elástica por tração e na deformação elástica por compressão.

Denomina-se deformação por tração, o aumento do comprimento de um corpo elástico, quando submetido à ação de uma força cada vez mais intensa.

Considere uma barra elástica homogênea de secção transversal reta uniforme, presa por uma de suas extremidades a qualquer referencial inercial. Quando submetida à ação de uma intensidade de força F na extremidade inferior desse corpo dinamoscópico, ele passa a sofrer uma deformação L; ou seja, um aumento no seu comprimento, cuja direção coincide com o sentido da força. Naturalmente essa deformação só é chamada por elasticidade perfeita quando, retirada a ação da força (F), o corpo dinamoscópico retorna à sua posição inicial (L_0).

Entende-se por variação da deformação (ΔL), somente o comprimentio deformado que o corpo dinamoscópico possui na presença de uma intensidade qualquer de força.

Desse modo, na deformação por tração, a variação da deformação (ΔL) do corpo dinamoscópico, é igual ao comprimento total (L) do corpo elástico submetido à ação de uma intensidade de força, pela diferença do comprimento inicial (L_0) que o corpo elástico apresenta na total ausência de forças.

Simbolicamente, a referida grandeza, é expressa por:

$$\Delta L = L - L_0$$

Em um gráfico demonstrativo, o referido enunciado é esquematizado da seguinte maneira:

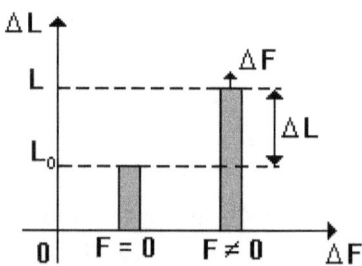

Evidentemente, se a deformação varia em função da intensidade da força, é porque, então, a intensidade de força varia. Isto implica que a variação de força é igual à intensidade total da força imprimida no corpo dinamoscópico, pela diferença da intensidade de força inicial.

Simbolicamente, o referido enunciado é expresso por:

$$\Delta F = F - F_0$$

5. Lei de Robert Hook

O grande físico e cientista inglês Robert Hook (1635-1703), apresentou à Real Sociedade de Londres, um estudo sobre as deformações elásticas. Como resultando de suas observações e estudos, deduziu experimentalmente uma lei que leva o seu nome.

Pode-se verificar experimentalmente que, ao prender um corpo dinamoscópico por uma de suas extremidades a um referencial inercial, e imprimindo-se na outra extremidade uma intensidade de força (ΔF_1), o corpo considerado passará a sofrer uma deformação (ΔL_1).

Da mesma maneira, ao imprimir uma intensidade de força (ΔF_2), verificar-se-á que a deformação do corpo dinamoscópico se alongará de um comprimento (ΔL_2) diferente de (ΔL_1)

Observe o esquema considerado na seguinte figura:

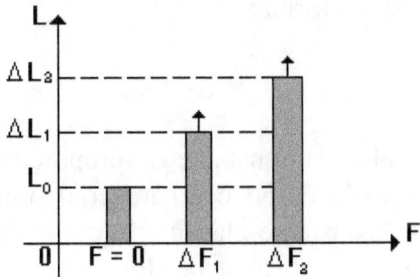

Tratando-se de medir as intensidades de forças aplicadas e as respectivas deformações, verificar-se-á que, se a intensidade de força ΔF_2, for o dobro da intensidade de força anterior ΔF_1 ($\Delta F_2 = 2\Delta F_1$), a deformação ΔL_2 consequentemente será o dobro da deformação anterior ΔL_1 ($\Delta L_2 = 2\Delta L_1$).

Repetindo sucessivamente a experiência descrita com a intensidade de força triplicada ($\Delta F_3 = 3\Delta F_1$), verificar-se-á que a deformação também será triplicada ($\Delta L_3 = 3\Delta L_1$); ao quadruplicar a intensidade de força ($\Delta F_4 = 4\Delta F_1$), a deformação também será quadruplicada ($\Delta L_4 = 4\Delta L_1$), e levando esse processo ata e enésima intensidade de forma imprimida ($\Delta F_n = n.\Delta F_1$), ocorrerá a deformação enésima ($\Delta L_n = n.\Delta L_1$); desde que não ultrapasse o limite de elasticidade; ou seja, essas deformações deverão permanecer dentro do regime das deformações elásticas. Nessas condições, a proporcionalidade registrada entre as variações de forças e os respectivos alongamentos é a mesma constante.

Com a referida experiência, Robert Hook enunciou a lei que leva a imortalidade de seu nome. Essa lei reza a seguinte sentença: "Em regime de deformação elástica, as intensidades de forças imprimidas são diretamente proporcionais às respectivas deformações".

Esta lei é válida para todos os tipos de deformações dentro dos limites das deformações elásticas. No caso da deformação por tração, a lei de Hook é expressa simbolicamente sob a forma:

$$\Delta F = K . \Delta L$$

Onde o valor da constante de proporcionalidade (K) é uma característica do corpo e do material dinamoscópico, é denominado por "constante elástica do corpo dinamoscópico" ou simplesmente por "constante de Hook".

6. Unidades da Constante de Hook

Em física, cada grandeza apresenta, geralmente, mais de uma unidade. Na maioria dos casos, as unidades são extraídas da própria fórmula de definição da grandeza. Em outros casos as unidades são independentes entre si e não guardam nenhuma relação com as demais. Como exemplo dessas grandezas tem-se o comprimento, a massa e o tempo. Porém, no caso da constante de Hook, sabe-se que é resultado de uma relação entre a intensidade de força imprimida e a deformação resultante. Tal relação é expressa simbolicamente por:

$$K = \Delta F / \Delta L$$

As unidades da constante de Hook são tiradas da última fórmula. Simbolicamente, pode-se escrever:

$$U(K) = U(F)/U(L)$$

Na referida expressão, deve-se ler: unidade da constante de Hook é igual ao quociente da unidade de força, inversa pela unidade de comprimento.

Para unidades de força, tem-se o Newton, a dina etc. Para unidades de comprimento, tem-se o metro, o centímetro e outras. Então para unidades da constante de Hook, tem-se o Newton por metro (N/m); o dina por centímetro (d/cm); o Newton por centímetro (N/cm); o dina por metro (d/m) etc.

7. Lei da Deformação Elástica Inicial

Pude verificar experimentalmente que, ao afixar um corpo dinamoscópico de comprimento inicial L_0, igual a X (L_0 = X), por uma de suas extremidades a um referencia inercial, e na outra extremidade imprimir uma intensidade de força F_1, esse corpo sofrerá por consequência uma deformação ΔL_1, igual a Y ($\Delta L_1 = Y$).

Da mesma maneira, ao afixar outro corpo dinamoscópico com todas as características do primeiro; porém, com o dobro do comprimento inicial ($L_0 = 2X$), por uma de suas extremidades a um referencial inercial, e na outra extremidade aplicar a mesma intensidade de força aplicada no corpo dinamoscópico anterior, (F_1), esse novo corpo sofrerá uma deformação (ΔL) e igual ao dobro da primeira ($\Delta L_2 = 2Y$).

O mesmo fenômeno ocorrerá com um terceiro, com um quarto corpo dinamoscópico; respectivamente com o comprimento inicial L_0, triplicado ($L_0 = 3X$); quadruplicado ($L_0 = 4X$); e quando submetidos à ação da mesma intensidade de força F_1, a deformação resultante, será respectivamente; triplicada ($\Delta L_3 = 3Y$); quadruplicada ($\Delta L_4 = 4Y$).

Repetindo-se a presente experiência tantas vezes o quanto se almejar, o mesmo fenômeno será verificado. Nessas condições, a proporcionalidade registrada entre as variações de deformações e o comprimento inicial permanece constante, enquanto que a intensidade de força permanecerá invariável.

Costumo afirmar que essa constante é a característica que define a lei da deformação elástica inicial.

Simbolicamente, se expressa pelo seguinte produto:

$$\Delta L = \alpha . L_0$$

Onde a constante (α) é denominada por constante da deformação por tração.

Portanto, chama-se deformação por tração, o quociente da variação da deformação de um corpo dinamoscópico, inversa pelo comprimento inicial que apresenta quando não se encontra sob a ação de uma força deformadora. Essa deformação é de certa forma também denominada por "variação unitária do comprimento", "alongamento relativo" ou "alongamento específico". É dado por um número puro, pois resulta da divisão entre dois valores da mesma grandeza.

Suponha-se agora que vários corpos dinamoscópicos de diferentes comprimentos iniciais (L_0); porém, com as mesmas características, sejam submetidos à ação de uma intensidade de força (F_1) constante. Diz-se que a variação unitária do comprimento é uniforme quando a relação existente entre as variações de deformações sofridas e os comprimentos iniciais correspondentes a cada corpo dinamoscópico for uma constante. Costuma-se também afirmar, de outro modo, que as variações de deformações sofridas por vários corpos dinamoscópicos, por intermédio de uma intensidade de força constante, são diretamente proporcionais ao comprimento inicial.

Simbolicamente conclui-se que:

$$\Delta L_1/L_{01} = \Delta L_2/L_{02} = ... = \Delta L_{n-1}/L_{0n-1} = \Delta L_n/L_{0n} = \textbf{constante} \equiv \textbf{K}$$

A proporção, na verdade, indica que a constante da deformação por tração (α), em todos os corpos dinamoscópicos de mesmas características, em relação ao comprimento inicial é uma constante. Logo, resulta que:

$$\alpha_1 = \alpha_2 = ... = \alpha_{n-1} = \alpha_n = \textbf{constante} \equiv \textbf{K}$$

Isto, portanto, vem a mostrar que a mesma constante que é a constante de deformação por tração média em qualquer corpo dinamoscópico de mesmas características é também a mesma constante de deformação por tração em qualquer comprimento inicial.

8. Intensidade Elástica

No presente item vou procurar apresentar a noção de elasticidade.

Sempre que um corpo dinamoscópico for submetido à ação de uma força, sua deformação varia de acordo com a intensidade dessa força.

Matendo-se a intensidade de força constante verifica-se que a variação dessa deformação varia de um corpo dinamoscópico para outro. E nestes corpos, quanto maior for a deformação que uma força de mesma intensidade puder provocar, maior será a elasticidade desse corpo.

À medida desse fenômeno dá-se a denominação de "intensidade elástica". Desse modo a intensidade elástica é uma grandeza associada à deformação elástica e mede a variação da deformação do corpo dinamoscópico sob a ação de uma intensidade de força. Portanto, mede a própria elasticidade do corpo dinamoscópico.

Em um mesmo corpo dinamoscópico, a intensidade elástica permanece constante, pois o corpo sofre deformações iguais em intensidade de forças iguais; isto é, a intensidade elástica em qualquer intensidade de força possui valores numericamente iguais. Quando isso ocorre diz-se que a intensidade elástica é constante com a intensidade da força. Em outros termos pode-se afirmar que a intensidade elástica é constante quando a deformação aumenta ou diminui em comprimentos iguais em intensidade de forças iguais.

A intensidade elástica é tanto maior quanto maior for a deformação sofrida por um corpo dinamoscópico e é tanto menor quanto maior for a intensidade de força imprimida nesse corpo.

Em qualquer intensidade de força que se considere, a intensidade elástica permanece constante. Isto se deve ao fato da variação da intensidade de força ser proporcional à deformação. Desse modo pode-se estabelecer a lei da intensidade elástica, cujo enunciado reza a seguinte oração:

"Dentro dos limites da deformação elástica, a intensidade elástica é igual ao quociente da variação da deformação, inversa pela intensidade de força imprimida correspondendo às respectivas deformações".

Considere então, um corpo dinamoscópico submetido a ação de uma intensidade de força. Sejam, então, (L) e (L + ΔL) suas deformações instantâneas nas intensidades de força (F) e (F + ΔF), respectivamente.

Define-se intensidade elástica escalar média (i_m) na intensidade de força (ΔF) pelo quociente:

$$i_m = \Delta L / \Delta F$$

Chama-se, por definição, intensidade elástica escalar instantânea, ao limite da intensidade elástica escalar média para (ΔF) tendendo a zero.

$$i = \lim_{\Delta F \to 0} i_{m\Delta F \to 0} \Delta L / \Delta F$$

Matematicamente representa-se essa igualdade por:

$$i = (dL/dF)$$

Ou seja, a intensidade elástica escalar instantânea é o número que se obtém derivando a deformação em relação à intensidade de força.

As referidas expressões matemáticas são aquelas que traduzem a denominada lei da intensidade elástica.

Denominarei por "intensidade elástica uniforme" toda intensidade elástica de sentido e intensidade constante com a força. Portanto, nesse caso a intensidade elástica média do corpo dinamoscópico (i_m) em qualquer intensidade de força (ΔF) é a mesma e, portanto igual à intensidade elástica i em qualquer intensidade de (F):

$$i_m = i$$

Experimentalmente, verifica-se que a intensidade elástica entre a deformação verificada e a intensidade de força imprimida é válida até um determinado limite, denominada por "limite de elasticidade". Isto simplesmente significa que existe um valor limite para o qual a lei da intensidade elástica não é mais obedecida.

A unidade de intensidade elástica é o "Leandro" e será largamente estudada nos próximos capítulos.

9. Relação Entre Intensidade Elástica e a Constante de Hook

É muito comum ocorrer com certa frequência, casos que em uma experiência, tem-se a necessidade de converter intensidade elástica para a constante de Hook ou vice-versa, por essa razão torna-se muito conveniente um relacionamento entre essas duas grandezas.

Sabe se que a constante de Hook no corpo dinamoscópico é expressa pelo quociente da variação da intensidade de força, inversa pela variação da deformação do referido corpo.

Simbolicamente, o referido enunciado é expresso pela seguinte relação:

$$K = \Delta F / \Delta L$$

Já a intensidade elástica do corpo dinamoscópico é expressa pelo quociente da variação da deformação, inversa pela variação da intensidade de força imprimida no referido corpo.

Simbolicamente, o referido enunciado é expresso pela seguinte relação:

$$i = \Delta L/\Delta F$$

Multiplicando-se uma expressão pela outra, obtem-se:

$$K \cdot i = \Delta F \cdot \Delta L/\Delta L \cdot \Delta F$$

Eliminando os termos em evidência, resulta que:

$$K \cdot i = 1$$

A referida expressão é aquela que traduz a lei da conciliação entre a constante de Hook e a intensidade elástica de um corpo dinamoscópico.

O enunciado da referida expressão reza a seguinte oração:

"O produto entre a constante de Hook pela intensidade elástica tem como resultado uma constante de valor absoluto igual ao índice um (1)".

Por regra de três simples e direta pode-se expressar que:

$$K \cdot i = 1; \quad i = 1/K; \quad K = 1/i$$

A constante Hook no corpo dinamoscópico e a intensidade elástica são relações inversas: conhecida a intensidade elástica determina-se a constante de Hook e vice-versa.

10. Equação da Deformação por Tração

Um corpo dinamoscópico encontra-se em estado de deformação perfeitamente elástica quando sua intensidade elástica se mantém constante durante todo o processamento da deformação. Na deformação linear por tração a trajetória da deformação é retilínea.

Dessa forma, pode-se concluir que:

a) Em qualquer trecho da deformação, a intensidade elástica média do corpo dinamoscópico é a mesma.

b) Em qualquer ponto, a intensidade elástica instantânea do corpo dinamoscópico é a mesma e ainda igual à sua intensidade elástica média em qualquer trecho da deformação.

c) O corpo dinamoscópico sofre deformações iguais em intervalos de intensidade de forças iguais.

Estudarei então, a deformação perfeitamente elástica por tração, considerando para tanto um corpo dinamoscópico qualquer. Para poder referir às deformações que o corpo dinamoscópico irá assumindo em cada intensidade de força será estabelecida uma origem (0). Essa origem é a extremidade do corpo dinamoscópico afixado num referencial inercial. Será ainda estabelecida para a contagem da força, uma intensidade imprimida no processamento da deformação por tração, denominada por intensidade origem das forças.

Deve-se, no entanto, observar que:

I - Ao se iniciar a deformação, o corpo dinamoscópico não precisa necessariamente se encontrar na origem, contada a partir da extremidade afixada no referencial (0); ou seja, a deformação pode estar previamente situada a certa distância da origem, dada pela abscissa (L_0). Esse é o comprimento inicial que o corpo dinamoscópico apresenta.

II - A finalidade do presente estudo é determinar o comprimento total em que o corpo dinamoscópico irá assumindo, com relação à origem (0) fixada, numa certa intensidade de força.

Continuando; seja então, (X_0) o comprimento de abscissa L_0 do corpo dinamoscópico, na intensidade origem da força $(F = 0)$.

Seja (X) o comprimento de abscissa (L) do corpo dinamoscópico, na intensidade de força (F) considerada.

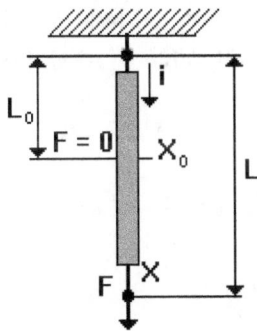

O elemento (X) é a abscissa que caracteriza o estágio do comprimento do corpo dinamoscópico submetido à ação de uma força de intensidade (F), com relação à origem (0), e não o comprimento assumido por ele $(L - L_0)$ na intensidade de força que se estende de (0) a (F).

Introduzirei então uma lei que permita determinar o comprimento assumido pelo corpo dinamoscópico em cada intensidade de força (F) imprimida.

No intervalo da intensidade de força $(F - 0 = F)$, o corpo dinamoscópico se deformou realmente $(F - F_0 = F)$.

Da definição de intensidade elástica média, tem-se o seguinte: considerarei um corpo dinamoscópico numa deformação qualquer. Seja então, (ΔL) a variação da deformação que resulta do corpo dinamoscópico em um intervalo de intensidade de força (ΔF). Por definição, chama-se intensidade elástica média (i_m), no estágio da deformação, o quociente:

$$I_m = \Delta L / \Delta F$$

Ou seja, a intensidade elástica de um corpo dinamoscópico é igual ao quociente da variação da deformação inversa pela variação da intensidade da força imprimida. A intensidade elástica mede a própria elasticidade domaterial dinamoscópico e é uma característica invariável desses corpos.

Como no caso, a intensidade elástica média se iguala à intensidade elástica instantânea ($i_m = i$), pode-se então escrever:

$$i = \Delta L / \Delta F = L - L_0/F - 0 = (L - L_0)/F$$

Isto implica que: $i = (L - L_0)/F$.

Portanto resulta que:

$$L - L_0 = i \cdot F$$

Logo, conclui-se que:

$$L = L_0 + I \cdot F$$

Esta é a equação da deformação por tração que possibilita determinar, a cada intensidade de força imprimida (F), o comprimento total de um corpo dinamoscópico, com relação à origem o de sua extremidade afixada num referencial inercial ao outro extremo do corpo dinamiscópico.

Uma análise superficial da equação da deformação por tração de um corpo dinamoscópico perfeitamente elástico revela claramente que o comprimento do corpo dinamoscópico entre os seus terminais dependerá tão-somente da intensidade de força F que o imprime, na situação considerada, já que tanto o comprimento inicial quanto a intensidade elástica são constantes características do corpo dinamoscópico considerado.

a) $L_0 \equiv$ constante

b) $i \equiv$ constante

Portanto, conclui-se que: $L = f(F)$.

Passarei a estudar então a dependência de (L) em função de (F).

a) $F = 0$ – Quando a intensidade de força imprimida em um corpo dinamoscópico perfeitamente elástico é nula, o que ocorre sempre que este se encontra integralmente restituído ao seu estado natural, então se obtém:

$$L = L_0 + i \cdot F$$

Portanto resulta que:

$$L = L_0$$

Ou seja, o comprimento de um corpo dinamoscópico perfeitamente elástico é igual ao seu comprimento inicial na ausência de forças externas.

Evidentemente volta-se a obter $(L = L_0)$ se utilizar um corpo dinamoscópico com intensidade elástica considerada desprezível $(i = 0)$. Nesse caso, o comprimento resultante entre os terminais do referido corpo é sempre constante, pois passa a independer da intensidade de força (F), tem-se então o chamado corpo dinamoscópico rígido. Na prática, corpos dinamoscópicos rígidos não existem; porém, alguns corpos apresentam deformações mínimas ao ser imprimido sob a ação de grandes intensidades de forças, de tal modo que, antes do início da deformação observada, o corpo dinamoscópico é considerado rígido.

Portanto, em um corpo dinamoscópico rígido $(i = 0)$.

$$L = L_0 + i \cdot F$$

Isto implica que:

$$L = L_0$$

Dessa maneira um corpo dinamoscópico pode ser considerado como um corpo rígido, dentro de certos limites, após o qual deixa de ser rígido. Um exemplo clássico é um cabo de aço, utilizado para deslocar centenas de toneladas.

b) $F > 0$ – Conforme cresce a intensidade da força que é impressa no corpo dinamoscópico perfeitamente elástico, a variação de deformação entre os seus terminais cresce, já que o fenômeno verificado é o da deformação elástica por tração.

c) F máximo – O valor da intensidade de força máxima F_{mx} é limitado pelo próprio sistema no qual o corpo dinamoscópico perfeitamente elástico faz parte. Sabe-se através dos estudos do físico inglês Robert Hook, que as deformações são perfeitamente elásticas até certo limite, após o qual as deformações resultantes passam a ser permanentes. Naturalmente nesse caso, se ($F = F$ máximo), evidentemente a deformação será ($L = L$ máxima), e corresponde os dados da região na fronteira das deformações perfeitamente elásticas, então obtem-se:

$$L_{mx} = L_0 + i \cdot F_{mx}$$

11. Representação Gráfica de um Corpo Dinamoscópico numa Deformação por Tração: Curva Característica

A dependência de (L) em função de (F) é claramente linear, o que sugere uma reta, cujas principais características são as seguintes:

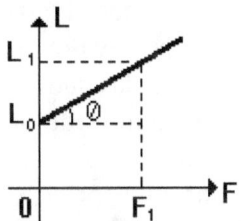

$$Tg\theta \underset{=}{N} (L_1 - L_0)/F_1$$

Isto implica que:

$$Tg\theta \underset{=}{N} i$$

Então numa deformação linear um corpo dinamoscópico rígido apresentaria uma forma de curva constante, isto é, independente dos demais fatores variáveis, com a intensidade da força, a temperatura etc. Desses fatores o mais importante é a intensidade da força imprimida no corpo dinamoscópico rígido. No caso de um corpo dinamoscópico de comprimento inicial constante, por exemplo, a característica externa do referido corpo teria o aspecto indicado no seguinte gráfico.

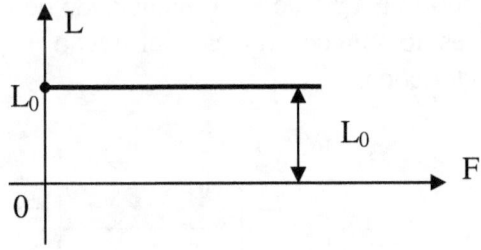

Observa-se no referido gráfico que o comprimento inicial que resulta entre os terminais do referido corpo é constante, qualquer que seja o valor da intensidade da força imprimida. Ou seja, à medida que a intensidade de força imprimida aumenta, nenhuma deformação apreciável é registrada no corpo dinamoscópico.

Como já se sabe, na prática não existem corpos dinamoscópicos de tal natureza: essa é a característica de um corpo dinamoscópico rígido, de comprimento invariável. Nos corpos dinamoscópicos reais no que se refere a deformações por tração, verifica-se que o comprimento do corpo dinamoscópico aumenta à medida que a intensidade da força imprimida aumenta. Tal são o caso das molas de aço em espiral longitudinal, resinas elásticas e metais em geral, cuja característica d deformação por tração e da intensidade de força imprimida é do tipo representada no seguinte gráfico:

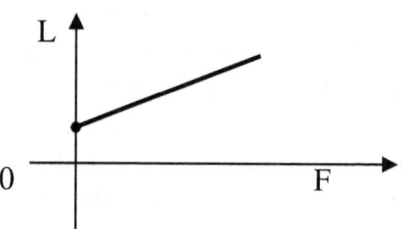

Uma figura esquematizando um corpo dinamoscópico submetido à ação de uma intensidade de força (F) que provoca no mesmo uma deformação por tracão (L), apresenta a seguinte característica:

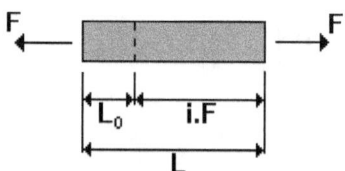

Conclui-se que o comprimento resultante nos terminais do corpo dinamoscópico perfeitamente elástico deve ser igual à soma da variação da deformação com o comprimento inicial que o corpo apresenta na ausência de forças.

$$L = L_0 + \Delta L$$

Onde (ΔL) é uma variação de deformação, provocada no coro dinamoscópico na presença de uma força, esta variação de deformação é proporcional à própria intensidade de força (F).

$$\Delta L = i \cdot F$$

Substituindo convenientemente as duas últimas expressões, resulta que:

$$L = L_0 + i \cdot F$$

Ora, esta equação é aquela que caracteriza a defomação por tração, onde (L_0) é o comprimento inicial constante de um dado corpo dinamoscópico e (i) é a intensidade elástica desse corpo, também é uma constante.

Os corpos dinamoscópicos que apresentam características retilíneas ou pelo menos aproximadamente retilíneas, e o corpo dinamoscópico em debate se diz linear, pois sua característica será um seguimento de reta.

Torno a repetir que, dessa maneira, observa-se que (L) em função de (F) é claramente linear, o que vem a sugerir uma reta, com as seguintes características, de acordo com o indicado no seguinte gráfico:

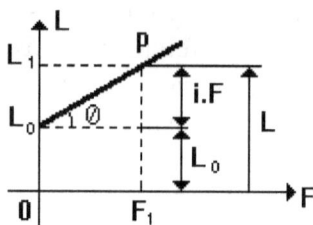

A equação de um corpo dinamoscópico perfeitamente elástico numa deformação por tração de constantes (L_0, i): $(L = L_0 + i . F = i . F + L_0)$ é uma função do primeiro grau entre o comprimento do corpo dinamoscópico e a intensidade de força imprimida no sistema dinamoscópico. $(Y = L, x = F, a = i, b = L_0)$. Pois a função do primeiro grau é a expressão $Y = a . x + b$, onde (a) e (b) são constantes.

Na última figura tem-se a característica de um corpo dinamoscópico perfeitamente elástico que é representado por uma reta de coeficiente angular que corta o eixo das ordenadas no valor de seu comprimento inicial (L_0). Seu gráfico é uma reta que não passa pela origem.

Além disso, conclui-se facilmente que, o coeficiente angular desta reta é igual à constante de intensidade elástica (i), e a constante do comprimento inicial (L_0) do corpo dinamoscópico é o valor da ordenada na origem.

$$Tg\theta \underset{=}{N} (L - L_0)/F$$

Portanto, isto implica que:

$$Tg\theta \underset{=}{N} i$$

12. Lei da Deformação Linear por Tração

A lei que será estabelecida nesta secção encontra-se fundamentada nas leis anteriores.

a) Influência do comprimento inicial na deformação por tração.

Quando se aplica uma força (F) de intensidade igual a 10N a uma mola de aço em espiral longitudinal de 100 centímetros de comprimento inicial (L_0) esta dimensão aumenta numa variação de $\Delta L = 0,14$ centímetros.

Submetendo à ação da mesma intensidade de força (Γ), outra mola de aço espiralada longitudinalmente com as mesmas características e intensidade elástica da primeira; porém, com a exceção de possuir o dobro do comprimento inicial da primeira ($L_0 = 200$ cm) tem seu comprimento (ΔL) aumentado de $\Delta L = 0,28$ centímetros, isto é, o dobro da deformação anterior. Para outro comprimento inicial, à mesma intensidade de força aplicada, acarretará outra deformação proporcional. Esta experiência representa a lei da deformação elástica inicial e indica que a variação do comprimento da deformação (ΔL) de um corpo dinamoscópico ao ser submetido à ação de uma intensidade de força invariável é diretamente proporcional (α) ao seu comprimento inicial (L_0).

Simbolicamente, o referido enunciado é expresso por:

$$\Delta L = \alpha . L_0$$

Onde a constante de proporcionalidade α é a constante de deformação por tração.

b) Influência da variação de intensidade de força na deformação por tração.

Conservando um comprimento inicial, por exemplo, $L_0 = 100$ cm, para uma mola de aço espiralada longitudinalmente, a intensidade de força (F) igual a 10 N, a força imprimida produz no corpo dinamoscópico uma variação de deformação

ΔL = 0,14 centímetros. Uma elevação na intensidade da força (F), duas vezes maior F = 20 N, aumenta a sua variação de deformação ΔL = 0,28 centímetros de comprimento, isto é o dobro da deformação anterior.

A referida experiência representa a lei da intensidade elástica de um corpo dinamoscópico e a lei estabelecida por Robert Hook. O enunciado da lei de Robert Hook afirma que: "Em se tratando de um sistema elástico, a força imprimida é diretamente proporcional à variação da deformação".

Simbolicamente, o referido enunciado é expresso por:

$$\Delta F = K \cdot \Delta L$$

Já o enunciado da lei da intensidade elástica ou lei de Leandro, reza: "A variação da deformação (ΔL) de um corpo dinamoscópico, de comprimento nicial constante, ao ser submetido à ação de uma força é igual ao produto entre a intensidade elástica pela variação da intensidade de força (ΔF), correspondente às respectivas deformações".

Simbolicamente, o referido enunciado é expresso por:

$$\Delta L = i \cdot \Delta F$$

Ou seja, a variação da deformação linear é diretamente proporcional à variação da intensidade de forma imprimida em um corpo dinamoscópico.

c) Influência da característica do material que constitui o corpo dinamoscópico.

Repetindo as mesmas experiências para os corpos dinamoscópicos constituídos por materiais distintos, observa-se também a que o mesmo comportamento das leis enunciadas há poucos instantes, embora as deformações sejam particulares para cada caso.

Portanto, a variação da deformação (ΔL) de um corpo dinamoscópico ao ser submetido à ação de uma intensidade de força, depende do material dinamoscópico e das características que o constitui.

Tendo em vista que a variação da deformação (ΔL) de um corpo dinamoscópico é diretamente proporcional ao comprimento inicial (L_0) e é diretamente proporcional à variação de força (F), tem-se a seguinte formula:

$$\Delta L = h \cdot L_0 \cdot \Delta F$$

Onde (h) é uma constante de proporcionalidade denominada por "coeficiente de deformação linear", característica de cada material dinamoscópico. A expressão acima constitui a lei da deformação linear por tração.

13. Coeficiente de Deformação Linear

A deformação de um corpo, por unidade de comprimento e por unidade de força, é chamada por coeficiente de deformação linear. Portanto, define-se o coeficiente de deformação linear de uma substância pela seguinte equação:

$$h = (1/L_0) \cdot (\Delta L / \Delta F)$$

Como:

$$i = \Delta L / \Delta F$$

Resulta que:

$$h = i / L_0$$

Onde, (L_0) é o comprimento inicial do corpo dinamoscópico considerado à intensidade de força inicial (F_0);

(ΔL) é a variação de comprimento (L – L_0) que o corpo dinamoscópico experimenta quando a intensidade de força imprimida varia de (F_0) para (F), sendo (F – F_0 = ΔF). O termo (1 + h . ΔF) é denominado por binômio de deformação por tração e por compressão elástica. Na realidade não existe corpo dinamoscópico perfeitamente elástico. Cessada a ação da intensidade de força imprimida externamente, o corpo não mais volta exatamente à sua forma inicial. Persiste certa deformação residual.

Dessa maneira, embora os corpos dinamoscópicos apresentem deformações consideradas perfeitamente elásticas, na verdade eles sofrem uma deformação permanente mínima. Então, o coeficiente de deformação linear, como foi definido, corresponde a um valor médio entre a intensidade de força inicial e a intensidade de força final. É possível definir um coeficiente para força, pelo limite da expressão (h = $ΔL/L_0$. ΔF) quando o intervalo de força (ΔF) tende a zero.

Para o presente estágio do estudo considerarei que o coeficiente de deformação linear de um corpo dinamoscópico qualquer é independente da intensidade de força. Rigorosamente, isto não é absolutamente correto. A equação (h = $1/L_0$. ΔL/ΔF) define, realmente, o coeficiente de deformação linear médio entre as intensidades de forças (F_1) e (F_2).

O coeficiente de deformação linear para uma determinada intensidade de força é definido por:

$$h = (1/L_0) . (dL/dF)$$

Contudo, para a média geral das intensidades de força, pode-se considerar, sem erro muito grande, que o valor médio do coeficiente de deformação linear praticamente coincide com o coeficiente em dada intensidade de força imprimida.

O coeficiente de deformação linear de um corpo dinamoscópico de forma linear é medido dando dois traços finos no referido corpo próximo às suas extremidades; em seguida, com um micrômetro óptico, mede-se o deslocamento de cada traço por efeito de uma dada variação de intensidade de força.

14. Equação Dimensional do Coeficiente de Deformação Linear

Da equação $h = (1/L_0)$. $(\Delta L/\Delta F)$ tira-se que:

$$[h] = [\Delta L]/[L] . [\Delta F] = [L]/[L] . [F]$$

Eliminando os termos em evidência, resulta que:

$$[h] = 1/[F]$$

Portanto:

$$[h] = [F]^{-1}$$

Portanto, o coeficiente de deformação linear de acordo com a definição é o inverso da força ($h = 1/f$) denominada por força recíproca e cujo símbolo é (F^{-1}). Logo com o que foi estudado pode ser definido como a variação relativa por acréscimo de intensidade de força.

Desse modo, a unidade de coeficiente de deformação linear é expressa por: (F^{-1}); onde f corresponde a qualquer unidade de força. Portanto, é extremamente fácil compreender que as unidades são o inverso da unidade de força do sistema métrico considerado: N^{-1}; d^{-1} etc.

15. Equação da Deformação Linear por Tração

De $(\Delta L = h . L_0 . \Delta F)$, verifica-se que, para mesmo comprimento inicial (L_0) e mesma variação de intensidade de força (ΔF), sofre maior coeficiente de deformação linear (h).

Os corpos dinamoscópicos de maior intensidade elástica estão entre os que mais se deformam, apresentando maior coeficiente de deformação linear. Por outro lado existem corpos dinamoscópicos que apresentam pequeno coeficiente de deformação linear e, portanto, reduzida deformação e logicamente, apresentam intensidade elástica muito baixa.

Voltando ao assunto principal; outra expressão para a lei da deformação linear por tração é obtida substituindo à variação da deformação ΔL por ($L - L_0$), sendo L o comprimento final do corpo dinamoscópico:

$$\Delta L = h . L_0 . \Delta F$$

Porém como:

$$\Delta L = L - L_0$$

Obtém-se que:

$$L - L_0 = h . L_0 . \Delta F$$

Isto implica que:

$$L = L_0 + h . L_0 . \Delta F$$

Portanto:

$$L = L_0 (1 + h . \Delta F)$$

Essa é a expressão que permite obter o novo comprimento do corpo dinamoscópico, a um dado valor de intensidade de força.

Como já foi verificado a constante (h) é denominada por coeficiente de deformação linear médio, entre as intensidades de força (F_0) e (F). Ele é verificado quando se considera intervalos de intensidade não muito grandes de forças ou deformação; somente nessas condições o coeficiente (h) apresentará variação insignificante; isto permitirá, então, que se admite o coeficiente (h) como constante, dentro desses intervalos. Tal procedimento é exatamente o que tenho adotado para as considerações iniciais acerca de (h).

16. Gráficos da Deformação Linear por Tração

É possível imaginar e concluir uma experiência na qual o corpo dinamoscópico de comprimento inicial (L_0) é levado, a partir de uma intensidade de 0 N, para forças sucessivamente maiores como, por exemplo, 5 N, 10 N, 15 N... 50 N. Se anotar o comprimento (L) do corpo dinamoscópico para cada intensidade de força e lança-la em um diagrama, (L, F) obter-se-á uma curva que, para uma intensidade pequena de força, pode ser confundida praticamente com uma reta, valendo a expressão $L = L_0 (1 + h . \Delta F)$. Porém, como $\Delta F = (F - F_0)$ tem-se:

$$L = L_0 . [1 + h . (F - F_0)]$$

Se F = 0 N, vem que:

$$L = L_0 + h . L_0 . F,$$ que é uma função do primeiro grau.

No gráfico da função $L = L_0 + h . L_0 . F$

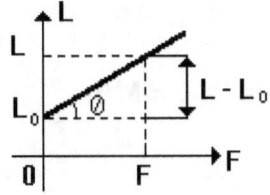

Observando o ângulo θ, verifica-se que a expressão $(Tg\theta \equiv (L - L_0)/F \equiv h . L_0)$ constitui no gráfico o coeficiente angular da reta.

De $\Delta L = h . L_0 (F - F_0)$. Se $F_0 = 0$ Newton, vem que: $\Delta L = h . L_0 . F$ que é uma função linear. Seu gráfico é o seguinte:

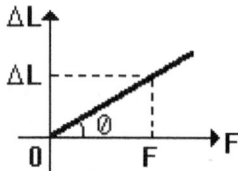

Onde $Tg\theta \equiv \Delta L/F \equiv h . L_0$, que constitui o coeficiente angular da reta.

17. Variação da Densidade Linear com a Intensidade de Força

Densidade Linear é por definição a relação entre a massa (M) e o comprimento (L) de um corpo linear de secção reta uniforme, como, por exemplo, uma corda, um fio etc. Na densidade linear, somente imposta à massa de um corpo linear e seu comprimento, todos os outros fatores resultantes do fenômeno são desprezados.

A fórmula da densidade linear é dada pela seguinte relação:

$$\mu = M/L$$

Onde (μ) corresponde à densidade linear; o símbolo (M) corresponde à massa do corpo linear e o símbolo (L), corresponde ao comprimento do fio.

Quando se aumenta de forma linear a massa de um fio; ou seja, de um corpo linear, seu comprimento também aumenta de tal forma que a razão entre ambos permanece constante. Essa constante é a própria densidade linear.

No entanto, em um corpo dinamoscópico, a deformação por tração aumenta, sem que ocorra qualquer aumento da massa do referido corpo. Com isso simplesmente conclui-se que a densidade linear varia com a deformação.

Para sua análise considerarei um corpo dinamoscópico qualquer de massa (M) na ausência total de forças (F = 0), portanto, apresenta um comprimento inicial (L_0) e uma densidade linear inicial (μ_0).

Finalmente para se calcular a densidade (μ) do corpo dinamoscópico submetido à ação de uma intensidade de força diferente de zero (F $\neq$ 0), basta verificar que:

Da equação da deformação linear por tração, tem-se:

(I) $L = L_0 \cdot (1 + h \cdot \Delta F)$

Sabe-se que:

(II) $\mu_0 = M/L_0$ ou $L_0 = M/\mu_0$ e $L = M/\mu$ ou $\mu = M/L$

Substituindo a equação (II) na equação (I) vem que:

$$M/\mu = M/\mu_0 \cdot (1 + h \cdot \Delta F)$$

Eliminando os termos em evidência, resulta que:

$$\mu = \mu_0/(1 + h \cdot \Delta F)$$

Ou seja, à medida que a força imprimida aumenta de intensidade a densidade linear do material dinamoscópico diminui na mesma proporção.

Agora, observe a referida expressão anotada da seguinte maneira:

$$\mu/\mu_0 = 1/(1 + h \cdot \Delta F)$$

Onde o termo $(1 + h \cdot \Delta F)$ é denominado por binômio de deformação linear. Assim, posso afirmar que a densidade linear varia com o binômio de deformação linear seguindo uma proporão inversa.

18. Relação Entre a Deformação por Tração e a Densidade Linear

Suponha que esteja sendo analisando a massa (M) de um corpo dinamoscópico qualquer. Então considere que os comprimentos apresentados pela massa, com o corpo dinamoscópico submetido a uma intensidade de força nula (F = 0) e a uma intensidade de força diferente de zero (F ≠ 0), sejam respectivamente (L_0) e (L). Designando por (μ_0) e (μ) as densidades lineares, respectivamente a (F = 0) e (F ≠ 0), pode-se então escrever:

a) **F = 0** isto implica que: $\mu_0 = M/L_0$

b) **F ≠ 0** isto implica que: $\mu = M/L$

Então, a relação existente entre a densidade inicial e a densidade posterior, implica no seguinte:

$$\mu_0/\mu = (M/L_0) / (M/L)$$

Sabendo-se que o produto dos meios é igual ao produto dos extremos, obtem-se:

$$\mu_0/\mu = M . L/M . L_0$$

Eliminando os termos em evidência, resulta que:

$$\mu_0/\mu = L/L_0$$

A referida expressão é aquela que traduz a relação entre a deformação linear por tração e a densidade linear que um corpo dinamoscópico apresenta.

19. Dedução Teórica de uma Lei da Deformação Linear por Tração

Sabe-se que a intensidade elástica de um corpo dinamoscópico é igual ao quociente da variação da deformação, inversa pela variação da intensidade de força imprimida no referido corpo.

Simbolicamente, o referido enunciado é expresso pela seguinte relação:

$$i = \Delta L/\Delta F$$

Sabe-se também que, a constante de deformação por tração é igual ao quociente da variação da deformação que o corpo dinamoscópico sofre, inversa pelo comprimento inicial do referido corpo.

Simbolicamente, o referido enunciado é expresso pela seguinte relação:

$$\alpha = \Delta L/L_0$$

Multiplicando-se a intensidade elástica pela constante de deformação por tração, implica que:

$$i . \alpha = \Delta L . \Delta L / \Delta F . L_0$$

Como se sabe ($\Delta L = \Delta L$), então, conclui-se que:

$$i . \alpha = \Delta L^2 / \Delta F . L_0$$

Resultanto que:

$$\Delta L^2 = i . \alpha . L_0 . \Delta F$$

Porém, como a intensidade elástica e a constante de deformação por tração são valores de caráter constante do corpo dinamoscópico considerado. Então, o produto entre as duas constantes, resulta numa terceira constante genérica. A constante genérica da deformação linear por tração é igual ao produto entre a intensidade elástica pela constante de deformação por tração.
O referido enunciado é expresso simbolicamente por:

$$K = i . \alpha$$

Portanto, substituindo o referido enunciado na dedução teórica da lei da deformação linear por tração, obtém-se que:

$$\Delta L^2 = K . L_0 . \Delta F$$

Simplificando-se a referida expressão, obtém-se que:

$$\Delta L = \sqrt{K . L_0 . \Delta F}$$

A referida expressão representa a dedução teórica da lei da deformação linear por tração, é enunciada nos seguintes termos:

"A variação de deformação de um corpo dinamoscópico é igual à raiz quadrada do produto de uma constante característica do material dinamoscópico pelo comprimento inicial do corpo dinamoscópico pela variação de intensidade de força imprimida no referido corpo".

20. Equação da Lei Teórica da Deformação Linear por Tração

Sabe-se que a variação da deformação de um corpo dinamoscópico é igual ao comprimento total que apresenta ao ser submetido à ação de uma intensidade de força, pela diferença do comprimento inicial, resultante quando o corpo dinamoscópico, encontra-se na total ausência de forças externas.

Simbolicamente, o referido enunciado é expresso por:

$$\Delta L = L - L_0,$$

Igualando a referida grandeza com a equação deduzida no item anterior, obtem-se:

$$L - L_0 = \sqrt{K} \cdot L_0 \cdot \Delta F$$

O que pode ser expresso por:

$$L = L_0 + \sqrt{K} \cdot L_0 \cdot \Delta F$$

Essa é a expressão que permite obter o novo comprimento de um corpo dinamoscópico, a uma dada intensidade de força.

Porém, comumente tenho a preferência por apresentar a equação teórica da deformação linear por tração da seguinte maneira:

$$L^2 = L^2_0 + (\sqrt{K} . L_0 . \Delta F)^2$$

$$L^2 = L^2_0 + K . L_0 . \Delta F$$

A equação teórica da deformação por tração é enunciada nos seguintes termos: o quadrado do comprimento de um corpo dinamoscópico é igual ao quadrado de seu comprimento inicial somado com o produto de uma constante de proporção multiplicada pelo comprimento inicial do corpo dinamoscópico que também por sua vez é multiplicado pela intensidade de força imprimida no referido corpo.

21. Relação Entre a Constante de Deformação por Tração e a Intensidade Elástica

Verificou-se que a constante de deformação por tração é igual ao quociente da variação da deformação, inversa pelo comprimento inicial do corpo dinamoscópico.

Simbolicamente, o referido enunciado é expresso pela seguinte relação:

$$\alpha = \Delta L / L_0$$

Sabe-se que a intensidade elástica é igual ao quociente da variação da deformação, inversa pela variação da intensidade de força imprimida no corpo dinamoscópico.

Simbolicamente, o referido enunciado é expresso pela seguinte relação:

$$i = \Delta L / \Delta F$$

Então, a razão entre a constante de deformação por tração e a intensidade elástica, implica que:

$$\alpha/i = (\Delta L/L_0) / (\Delta L/\Delta F)$$

Sabendo-se que os produtos dos meios são iguais ao produto dos extremos, conclui-se que:

$$\alpha/i = \Delta L \cdot \Delta F/\Delta L \cdot L_0$$

Ao eliminar os termos em evidência, resulta que:

$$\alpha/i = \Delta F/L_0$$

Ou seja:

$$i \cdot \Delta F = \alpha \cdot L_0$$

A referida relação é enunciada nos seguintes termos:
"O produto entre a intensidade elástica e a variação da intensidade de força é igual ao produto entre a constante de deformação por tração pelo comprimento inicial do corpo dinamoscópico".

22. Lei Geral da Deformação Linear por Tração

A intensidade de força; o comprimento inicial; a área da secção transversal; a variação da deformação e a constante característica do material dinamoscópico de um corpo de elasticidade perfeita se relacionam por leis simples que são interpretadas diretamente sob o ponto de vista macroscópico.

Em considerações gerais os corpos dinamoscópicos se caracterizam fundamentalmente por deformações e restituição; sofrendo grandes e pequenas variações de comprimento ao ser

submetido à ação de uma força de grande ou pequena
intensidade respectivamente.

Os conceitos apresentados no presente item se aplicam
perfeitamente para corpos dinamoscópicos de elasticidade
perfeita. Um corpo dinamoscópico de elasticidade perfeita é
dentro de certos limites um corpo hipotético, cujas intensidades
de forças imprimidas nesse corpo não causam o aparecimento
de outras formas de energia como, por exemplo, a calorífica.
Desse modo, diante de tais fatos um corpo
dinamoscópico restitui-se perfeitamente ao seu estado natural.

Em determinados corpos elásticos, em certas condições
dentro dos limites de elasticidade, apresentam um
comportamento que se aproxima do previsto para a elasticidade
perfeita. O estado de um corpo dinamoscópico é caracterizado
pelos valores assumidos por quatro grandezas.

a - o comprimento inicial (L_0) e suas variações (ΔL);
b - a resultante da intensidade de força (ΔF), imprimida;
c a área da secção transversal A do corpo dinamoscópico;
d - e a constante de elasticidade que caracteriza o material
dinamoscópico.

Essas grandezas constituem então, as chamadas
variáveis de estado.

As variáveis de estado de um corpo dinamoscópico
perfeitamente elástico estão relacionadas com as deformações
sofridas por esse corpo. Portanto, uma vez fixadas as variáveis
de estado, define-se o estado do corpo dinamoscópico. A
variação de, no mínimo, duas das variáveis de estado provoca a
denominada "transformação elástica". A exigência da variação
de, no mínimo, duas variáveis de estado deve-se ao fato de não
ser possível variar uma sem alterar outra.

Ao introduzir uma lei geral para as variações de
deformação de um corpo dinamoscópico, consolidando todas

as variáveis de estado, pude verificar experimentalmente e até mesmo através de demonstrações matemáticas que a variação da deformação de um corpo dinamoscópico é diretamente proporcional ao produto entre a intensidade de força pelo comprimento inicial do referido corpo e é inversamente proporcional à área da seção transversal do mesmo corpo.

O referido enunciado é expresso simbolicamente pela seguinte fórmula:

$$\Delta L = K . \Delta F . L_0/A$$

Onde (K) é uma constante de proporcionalidade característica do material que constitui o corpo dinamoscópico.

Um capítulo posterior tratará exclusivamente do estudo da intensidade elástica, naquele capítulo poderá ser verificado que essa constante é a própria característica dinamoscópica; cujo símbolo é representado pela seguinte letra: η.

Poderá ser verificado ainda, naquele capítulo que a intensidade elástica de um corpo dinamoscópico é igual à característica dinamoscópica (η) em produto com o comprimento inicial do corpo dinamoscópico, e inversamente proporcional à área da secção transversal.

Simbolicamente, o referido enunciado é expresso por:

$$i = \eta . L_0/A$$

Verifica-se ainda que, a intensidade elástica é igual ao quociente da variação da deformação, inversa pela variação da intensidade de força imprimida no corpo dinamoscópico.

O referido enunciado é expresso simbolicamente pela seguinte relação:

$$i = \Delta L/\Delta F$$

Igualando convenientemente as duas expressões, obtém-se:

$$\Delta L/\Delta F = \eta \cdot (L_0/A)$$

Portanto, vem que:

$$\Delta L = \eta \cdot \Delta F \cdot L_0/A$$

A referida expressão é denominada equação geral da deformação linear por tração, válida para os corpos dinamoscópicos de elasticidade perfeita. Sabe-se experimentalmente que a característica dinamoscópica (η), depende diretamente da natureza da substância de que o material dinamoscópico é feito e varia com o sistema de unidades. Considere dois estados diversos de um mesmo corpo dinamoscópico:

Estado 1: $\Delta F_1 \ L_{01} \ A_1$
Estado 2: $\Delta F_2 \ L_{02} \ A_2$

Aplicando a lei geral da deformação linear por tração aos dois estados, obtém-se:

$$\eta \cdot \Delta F_1 \cdot L_{01} = A_1 \cdot \Delta L_1$$

$$\eta \cdot \Delta F_2 \cdot L_{02} = A_2 \cdot \Delta L_2$$

Dividindo membro a membro dessas expressões:

$$\Delta F_1 \cdot L_{01}/\Delta F_2 \cdot L_{02} = A_1 \cdot \Delta L_1/A_2 \cdot \Delta L_2$$

Ou

$$\Delta F_1 \cdot L_{01}/A_1 \cdot \Delta L_1 = \Delta F_2 \cdot L_{02}/A_2 \cdot \Delta L_2$$

A referida expressão representa analiticamente a lei geral da deformação linear por tração dos corpos dinamoscópicos de elasticidade perfeita, que relaciona dois estados quaisquer de um mesmo corpo dinamoscópico.

23. Equação Geral da Deformação Linear por Tração

Outra relação muito útil se obtém substituindo (ΔL) por ($L - L_0$) e dessa maneira obtém-se uma lei que permita calcular o comprimento toal de um corpo dinamoscópico.

$$\Delta L = \eta \cdot \Delta F \cdot L_0/A$$

Como ($\Delta L = L - L_0$) resulta que:

$$L = L_0 + \eta \cdot L_0 \cdot \Delta F/A$$

Portanto, resulta que:

$$L = L_0 \cdot (1 + \eta \cdot \Delta F/A)$$

CAPÍTULO V
Transformações Particulares

1. Introdução

Um corpo dinamoscópico sofre transformações de estado quando se modificam ao menos duas das variáveis de estado.

Evidentemente, é impossível a variação de apenas uma variável, pois, pela relação [$\Delta L . A/\Delta F . L_0 =$ constante (η)] ao se variar uma das grandezas, necessariamente deve alterar pelo menos outra variável.

São comuns as transformações em que variam duas ou três das variáveis, mantendo-se, as restantes constantes.

A – Assim, pode ocorrer:

Transformação Isoforça

Uma transformação dinamoscópica na qual a variação da deformação (ΔL), a secção transversal (A) e o comprimento inicial (L) do corpo dinamoscópico variam, e a intensidade da força imprimida são mantidas constantes, é denominada por transformação Isoforça (isso = igual).

Na lei geral da deformação linear por tração:

$$\Delta L_1 . A_1/\Delta F_1 . L_{01} = \Delta L_2 . A_2/\Delta F_2 . L_{01}$$

Sendo a intensidade de força constante ($\Delta F_1 = \Delta F_2$), a expressão anterior se reduz a:

$$\Delta L_1 . A_1/L_{01} = \Delta L_2 . A_2/L_{02}$$

A uma intensidade de força constante, a variação da deformação em produto com a secção transversal é diretamente proporcional ao comprimento inicial do corpo dinamoscópico.

Simbolicamente, o referido enunciado é expresso por:

$$\Delta L . A = K . L_0$$

Transformação Isoárea

É uma transformação dinamoscópica na qual a variação da deformação (ΔL), a variação da intensidade de força (ΔF) e o comprimento inicial (L_0) do corpo dinamoscópico variam; porém, a área da secção transversal (A) é mantida constante.

Na lei geral da deformação linear por tração:

$$\Delta L_1 . A_1/\Delta F_1 . L_{01} = \Delta L_2 . A_2/\Delta F_2 . L_{02}$$

Sendo a área da secção transversal constante ($A_1 = A_2$), a expressão anterior reduz-se a:

$$\Delta L_1/\Delta F_1 . L_{01} = \Delta L_2/\Delta F_2 . L_{02}$$

A variação da deformação é diretamente proporcional ao comprimento inicial do corpo dinamoscópico pelo produto da variação da intensidade de força imprimida no referido corpo.

Simbolicamente, o referido enunciado é expresso por:

$$\Delta L = K . L_0 . \Delta F$$

Transformação Isonicial

Uma transformação dinamoscópica na qual a variação da deformação (ΔL), a variação da intensidade de força (ΔF) e a área da secção transversal variam e o comprimento inicial (L_0) é mantido constante.

Na lei geral da deformação linear por tração:

$$\Delta L_1 . A_1/\Delta F_1 . L_{01} = \Delta L_2 . A_2/\Delta F_2 . L_{02}$$

Sendo o comprimento inicial constante ($L_{01} = L_{02}$), a expressão anterior reduz-se a:

$$\Delta L_1 . A_1/\Delta F_1 = \Delta L_2 . A_2/\Delta F_2$$

O produto entre a variação da deformação com a área da secção transversal é diretamente proporcional à variação da intensidade de força imprimida no corpo dinamoscópico.

Simbolicamente, o referido enunciado é expresso por:

$$\Delta L . A = K . \Delta F$$

Transformação Isodeformação

Uma transformação dinamoscópica na qual a variação da intensidade de força (ΔF), a área da secção transversal e o comprimento inicial variam, e a variação da deformação do corpo dinamoscópico são mantidas constantes.

Na lei geral da deformação linear por tração:

$$\Delta L_1 . A_1/\Delta F_1 . L_{01} = \Delta L_2 . A_2/\Delta F_2 . L_{02}$$

Sendo a variação da deformação constante ($\Delta L_1 = \Delta L_2$), a expressão anterior reduz-se a:

$$A_1/\Delta F_1 . L_{01} = A_2/\Delta F_2 . L_{02}$$

A área da secção transversal do corpo dinamoscópico é proporcional à variação da intensidade de força imprimida, em produto com o comprimento inicial do referido corpo.

Simbolicamente, o referido enunciado é expresso por:

$$A = K . \Delta F . L_0$$

Até o presente momento observou-se casos em que ocorrem três variáveis mantendo uma constante. A partir de agora passarei a abordar casos em que ocorrem duas variáveis e duas constantes.

B- Assim, pode ocorrer:

Variáveis da Transformação Isoforça

A expressão que traduz a lei da isoforça é a seguinte:

$$\Delta L_1 . A_1/L_{01} = \Delta L_2 . A_2/L_{02}$$

Nesse caso já existe uma constante que é a intensidade de força. Passarei agora a manter mais uma variável constante, verificando em todos os casos os eventos possíveis.

Parágrafo primeiro da transformação Isoforça

Uma transformação isoforça na qual a variação da deformação (ΔL_1), a área da secção transversal (A), varia e o comprimento inicial do corpo dinamoscópico é mantido constante.

Na lei da Isoforça:

$$\Delta L_1 . A_1/L_{01} = \Delta L_2 . A_2/L_{02}$$

Sendo o comprimento inicial constante, a expressão L_{01} = L_{02} anterior reduz-se a:

$$\Delta L_1 . A_1 = \Delta L_2 . A_2$$

A variação da deformação e a área da secção transversal, mantendo o comprimento inicial constante, são inversamente proporcionais.

Por inversamente proporcional entende-se que, se a variação da deformação aumenta, a área da secção transversal descreve na mesma proporção e vice-versa.

Ao representar a variação da deformação (ΔL) em ordenadas e a área da secção transversal do corpo dinamoscópico em abscissas, o gráfico da expressão anterior é uma curva denominada hipérbole equilátera.

Conclui-se, portanto, que o produto da variação da deformação pela área da secção transversal é constante.

Algebricamente, o referido enunciado é simbolizado pela seguinte expressão:

$$\Delta L . A = K$$

Portanto, o gráfico do parágrafo primeiro da transformação Isoforça terá o seguinte aspecto:

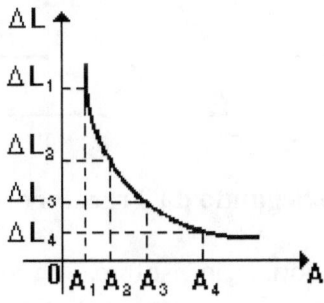

Verifica-se que, para valores constantes de comprimento inicial cada vez maior, as hipérboles vão se afastando cada vez mais da origem. De acordo com o esquema indicado no seguinte gráfico:

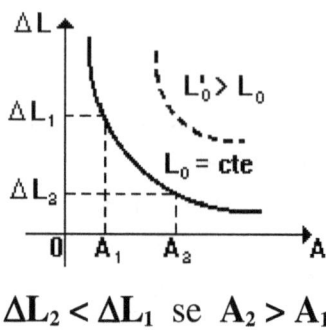

$$\Delta L_2 < \Delta L_1 \text{ se } A_2 > A_1$$

Verifica-se nesse gráfico que se a transformação se realizar em um corpo dinamoscópico de comprimento inicial ($L'_0 > L_0$), o valor do produto (ΔL . A) é mais elevado e a hipérbole representativa ficará mais afastada dos eixos.

Nessa transformação, o produto (ΔL . A = cte) é uma função constante em relação à variação da deformação (ΔL) e em relação à área da secção transversal (A), como mostram os seguintes gráficos:

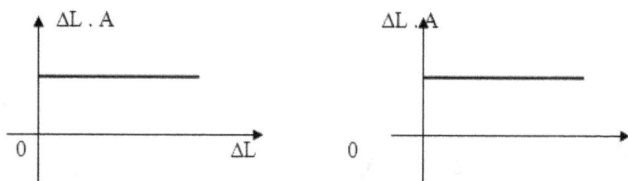

Parágrafo Segundo da Transformação Isoforça.

Uma transformação isoforça na qual a variação da deformação (ΔL), e o comprimento inicial variam e a área da secção transversal A é mantida constante.
Na lei da isoforça, tem-se:

$$\Delta L_1 \cdot A_1/L_{01} = \Delta L_2 \cdot A_2/L_{02}$$

Sendo a área da secção transversal constante ($A_1 = A_2$), a expressão anterior reduz-se à seguinte relação:

$$\Delta L_1/L_{01} = \Delta L_2/L_{02}$$

Observando a referida expressão, conclui-se que a mesma representa a lei da deformação elástica inicial.

Então, em um corpo dinamoscópico de área de secção transversal constante, a variação da deformação e o comprimento inicial do referido corpo, são diretamente proporcionais; ou seja, o quociente entre a variação da deformação do corpo dinamoscópico e o comprimento inicial do mesmo é constante.

Simbolicamente, o referido enunciado é expresso por:

$$\Delta L/L_0 = K$$

Esta lei pode ser representada por um gráfico cartesiano onde, no eixo das ordenadas, figuram as variações de deformações (ΔL) e, no eixo das abscissas, os comprimentos iniciais dos corpos dinamoscópicos considerados. Portanto, essa expressão admite como representação gráfica uma reta passando pela origem (função linear: a variação da deformação é diretamente proporcional ao comprimento inicial dos corpos dinamoscópicos).

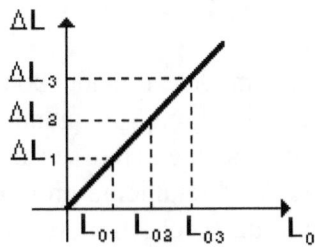

Nessa transformação, o comprimento inicial do corpo dinamoscópico é uma função constante ou relação à variação da deformação.

O gráfico resultante é o seguinte:

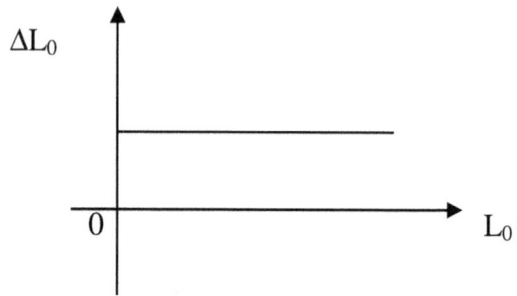

Parágrafo Terceiro da Transformaão Isoforça.

Uma transformação isoforça na qual a área da secção transversal e o comprimento inicial variam, e a variação de deformação são mantidas constantes.

Na lei da isoforça, tem-se:

$$\Delta L_1 . A_1/L_{01} = \Delta L_2 . A_2/L_{02}$$

Sendo a variação da deformação constante ($\Delta L_1 = \Delta L_2$), a expressão anterior reduz-se à seguinte relação:

$$A_1/L_{01} = A_2/L_{02}$$

Portanto, para um determinado corpo dinamoscópico, numa transformação isoforça, mantendo a variação da deformação constante, a área da secção transversal e o comprimento inicial, são diretamente proporcionais, ou seja, o quociente entre a área da secção transversal e o comprimento inicial do corpo dinamoscópico é constante.

Simbolicamente, o referido enunciado é expresso pela seguinte relação:

$$A/L_0 = K$$

Graficamente, ao representar a área da secção transversal A, em ordenadas e o comprimento inicial (L_0) em abscissas, obtém-se uma reta que passa pela origem:

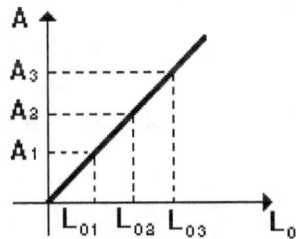

Variáveis da Transformação Isoárea

A expressão que traduz a lei da Isoárea é a seguinte:

$$\Delta L_1/\Delta F_1 . L_{01} = \Delta L_2/\Delta F_2 . L_{02}$$

Nesse caso já existe uma constate que é a área da secção transversal. Passarei agora a manter mais uma variável constante, verificando em todos os casos os eventos possíveis.

Parágrafo Primeiro da Trasformação Isoárea.

Uma transformação isoárea na qual a variação da intensidade de força e o comprimento inicial do corpo dinamoscópico variam, quando a variação da deformação permanece constante.

Na lei da isoárea, tem-se que:

$$\Delta L_1/\Delta F_1 . L_{01} = \Delta L_2/\Delta F_2 . L_{02}$$

Sendo a variação da deformação constante ($\Delta L_1 = \Delta L_2$), a expressão anterior reduz-se à seguinte:

$$\Delta F_1 . L_{01} = \Delta F_2 . L_{02}$$

Para um determinado corpo dinamoscópico, numa transformação isoárea, mantido a variação da deformação constante, a variação da intensidade de força e o comprimento inicial do corpo dinamoscópico, são inversamente proporcionais; ou seja, o produto da intensidade de força pelo comprimento inicial do corpo dinamoscópico é constante.

Algebricamente, o referido enunciado é expresso simbolicamente por:

$$\Delta F . L_0 = K$$

A referida lei pode ser representada por um diagrama onde, no eixo das ordenadas, figuram as intensidades de forças imprimidas e, no eixo das abscissas, os comprimentos iniciais. Esse diagrama é representado por uma hipérbole equilátera.

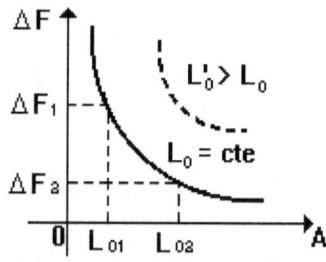

$$(\Delta F_2 < \Delta F_1) \text{ se } (L_{02} > L_{01})$$

Observa-se nesse gráfico que se a transformação se realizar num corpo dinamoscópico de comprimento inicial (L'_0

> L₀), o valor do produto (ΔF . L₀) é mais elevado, então a
hipérbole vai se afastando cada vez mais da origem.

Parágrafo Segundo da Transformação Isoárea.

Uma transformação isoárea na qual a variação da
deformação e a variação da força são as variáveis e o
comprimento inicial é mantido constante.
A lei da isoárea permite afirmar que:

$$\Delta L_1/\Delta F_1 . L_{01} = \Delta L_2/\Delta F_2 . L_{02}$$

Sendo o comprimento inicial do corpo dinamoscópico,
constante ($L_{01} = L_{02}$), a expressão anterior reduz-se à seguinte:

$$\Delta L_1/\Delta F_1 = \Delta L_2/\Delta F_2$$

Observe-se que nesse caso a constante resultante é a
intensidade elástica do corpo dinamoscópico.
Então, na transformação isoárea, mantendo-se o
comprimento inicial do corpo dinamoscópico constante, a
variação da deformação e a intensidade de força imprimida
nessa deformação são diretamente proporcionais; ou seja, o
quociente entre a variação da deformação e a intensidade de
força imprimida é constante.
Simbolicamente, o referido enunciado é expresso pela
seguinte relação:

$$\Delta L/\Delta F = K$$

Esta lei pode ser representada por um gráfico cartesiano
onde, no eixo das ordenadas, encontram-se as deformações e,
no eixo das abscissas, figuram as intensidades de força
imprimida no corpo dinamoscópico. Portanto, essa expressão
admite como representação gráfica uma reta passando pela
origem.

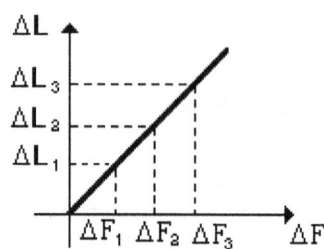

A expressão ($\Delta L/\Delta F$ = K) sugere que, no instante em que a intensidade de força se tornar nula (F = 0), verificar-se-á uma deformação nula, o que se encontra perfeitamente de acordo com as experiências.

Variável da Transformação Isonicial

A expressão que traduz a lei da isonicial é a seguinte:

$$\Delta L_1 . A_1/\Delta F_1 = \Delta L_2 . A_2/\Delta F_2$$

Aqui também, existe uma constante que é o próprio comprimento inicial do corpo dinamoscópico. Passarei agora a manter mais uma variável constante, verificando em todos os casos os eventos possíveis.

Parágrafo Único da Transformação Isoinicial

Numa transformação isonicial na qual a variação da intensidade de força e a área da secção transversal variam, e a variação da deformação são mantidas constantes.
Na lei da isoinicial, tem-se:

$$\Delta L_1 . A_1/\Delta F_1 = \Delta L_2 . A_2/\Delta F_2$$

Sendo a variação da deformação constante ($\Delta L_1 = \Delta L_2$), a expressão anterior reduz-se à seguinte:

$$A_1/\Delta F_1 = A_2/\Delta F_2$$

Para um determinado corpo dinamoscópico, numa transformaão isonicial, mantido a variação de deformação constante, a área da secção transversal e a variação de intensidade de forças são diretamente proporcionais; ou melhor, o quociente entre a área da secção transversal e a variação de intensidade de força é constante.

O referido enunciado é expresso simbolicamente pela seguinte relação:

$$A/\Delta F = K$$

Graficamente, ao representar a área da secção transversal em ordenadas e a variação da intensidade de força em abscissas, obtém-se uma reta que passa pela origem:

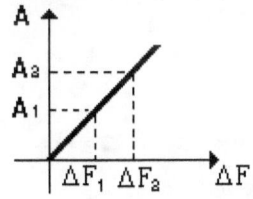

Variável da Transformação Isodeformação

A expressão que traduz a lei da Isodeformação é a seguinte:

$$A_1/\Delta F_1 \cdot L_{01} = A_2/\Delta F_2 \cdot L_{02}$$

Finalmente nessa última expressão qualquer variável que puder ser mantida constante resultará em casos já previstos anteriormente.

CAPÍTULO VI
Deformação Por Compressão

1. Introdução

Denomina-se por compressão, a diminuição do comprimento de um corpo dinamoscópico, quando este é submetido à ação de uma força cada vez mais intensa. A variação da deformação por compressão de um corpo dinamoscópico é definido da mesma maneira, com relação da diminuição do comprimento para o comprimento original. Considere um corpo dinamoscópico homogêneo de secção reta uniforme, preso por uma de suas extremidades a um referencial inercial. Quando submetido à ação de uma intensidade de força (ΔF) na outra extremidade desse corpo, esse passa a apresentar um novo comprimento (L); ou seja, ao ser submetido à ação de uma intensidade de força, o corpo sofre uma diminuição no seu comprimento, cuja direção coincide com o sentido da força.

Deve-se entender por variação da deformação (ΔL), em qualquer caso de deformação linear, somente o compirmento que varia quando o corpo dinamoscópico é submetido à ação de uma intensidade de força. Dessa maneira, na compressão a variação da deformação (ΔL) é igual ao comprimento total (L) que o corpo dinamoscópico apresenta na presença de uma intensidade de força, pela diferença do comprimento inicial (L_0) que possui na ausência da ação de uma intensidade de força (ΔF).

Simbolicamente, a referida grandeza é expressa por:

$$\Delta L = L - L_0$$

O seguinte esquema indica uma deformação por compressão:

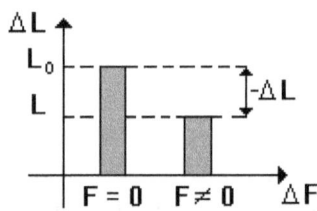

De acordo com a definição da variação da deformação, as leis da tração são perfeitamente aplicadas na compressão, embora o comprimento total do corpo dinamoscópico diminua nesse último caso. Isto simplesmente porque a variação da deformação por compressão aumenta seu intervalo com o aumento da intensidade de força.

Como o comprimento inicial (L_0) do corpo dinamoscópico é maior que o comprimento (L_0) que possui na presença de uma força; então, a variação da deformação, de acordo com a definição da grandeza, será negativa. Isto caracteriza a deformação elástica por compressão.

2. Lei da Equivalência da Deformação Linear

Quando se considera uma deformação por tração ou uma deformação por compressão, as experiências que tenho realizado indicam que ao imprimir uma dada intensidade de força; ela passa a provocar uma variação da deformação por tração de mesma grandeza que aquela que provoca a deformação por compressão. Dessa maneira em um mesmo corpo dinamoscópico, em qualquer tipo de deformação linear, a uma dada intensidade de força, a relação da deformação por tração para dada intensidade de força é a mesma que a relação da deformação elástica por tração para a dada intensidade de força.

Dessa maneira passarei a enunciar a lei da equivalência de deformações por tração e de deformação por compressão.

Esta lei é enunciada nos seguintes termos: "Numa deformação elástica por tração ou por compressão, as mesmas intensidades de forças, provocam em ambos os casos, as mesmas variações de deformações".

A única distinção é que a variação da deformação por compressão é sempre negativa, pois resultam da diferença entre o comprimento total do corpo dinamoscópico (L) e o comprimento inicial (L_0); e como (L < L_0), então, conclui-se que a variação da deformação por compressão em particular é negativa.

3. Equação da Deformação por Compressão

A grandeza que exprime a variação da deformação de um corpo dinamoscópico perfeitamente elástico, entre os seus terminais mostra que:

$$\Delta L = L - L_0$$

Ou seja, a variação da deformação é igual ao comprimento total que o corpo dinamoscópico apresenta ao ser submetido à ação de uma intensidade de força, pela diferença do comprimento inicial desse corpo, na ausência da referida intensidade de força.

Porém, quando se trata de uma deformação por compressão, ocorre a diminuição do comprimento do corpo dinamoscópico, quando este é submetido à ação de uma intensidade de força. Dito de outra forma resulta o seguinte: numa deformação elástica por compressão, o comprimento total que um corpo dinamoscópico apresenta ao ser submetido à ação de uma intensidade de força, é menor que o comprimento inicial que o mesmo apresenta na ausência de forças. Simbolicamente, a referida sentença é expressa por:

$$L < L_0$$

Então, conclui-se que a variação da deformação por compressão de um corpo dinamoscópico perfeitamente elástico é algebricamente negativo.

O referido enunciado é expresso simbolicamente por:

$$- \Delta L$$

Portanto, substituindo convenientemente o referido resultado na antipenúltima expressão, resulta que:

$$- \Delta L = L - L_0$$

Na referida expressão, procurando isolar o comprimento total que o corpo dinamoscópico apresenta na presença de uma intensidade de força, resulta que:

$$L = L_0 - \Delta L$$

Ou melhor; numa deformação elástica por compressão o comprimento total que um corpo dinamoscópico apresenta, seja qualquer que for o estágio da deformação, esse comprimento é igual ao comprimento inicial, pela diferença da variação da deformação provocada no corpo dinamoscópico.

Como as variações das deformações de um corpo dinamoscópico perfeitamente elástico, tanto a deformação por tração como a deformação por compressão obedecem às mesmas leis de proporções. Pois, em ambos os casos as deformações registradas aumentam com o aumento da intensidade de força imprimida.

Então, na deformação por compressão é possível verificar experimentalmente que a variação de deformação é igual ao produto entre a intensidade elástica do corpo dinamoscópico pela intensidade de força que lhe é submetido.

Simbolicamente, o referido enunciado é expresso por:

$$\Delta L = i \cdot \Delta F$$

Porém, como na deformação por compressão, a variação da deformação é algebricamente negativa, resulta que:

$$- \Delta L = i \cdot \Delta F \Rightarrow \Delta L = - i \cdot \Delta F$$

Substituindo convenientemente a referida expressão em $(L = L_0 - \Delta L)$; resulta na seguinte:

$$L = L_0 - i \cdot \Delta F$$

Ou seja, numa deformação elástica por compressão, o comprimento total de um corpo dinamoscópico é igual ao comprimento inicial pela diferença do produto entre a intensidade elástica do referido corpo pela variação da intensidade de força a que é submetido.

Esta última expressão representa aquilo que denominei por "equação da deformação elástica por compressão".

Uma análise superficial da equação da deformação elástica por compressão de um corpo dinamoscópico perfeitamente elástico revela claramente que o comprimento resultante entre os terminais do referido corpo dependerá tão-somente da intensidade de força que o imprime, na situação considerada, já que tanto o comprimento inicial quanto a intensidade elástica são constantes característica do corpo dinamoscópico considerado.

a) $L_0 \equiv$ **constante**, portanto conclui-se que: $L = f(\Delta F)$
b) $i \equiv$ **constante**

Passarei então a estudar a dependência do comprimento do corpo dinamoscópico (L) em função da intensidade de força imprimida (ΔF) no mesmo.

a) $\Delta F = 0$. Quando a intensidade de força que imprime o corpo dinamoscópico é nula, o que ocorre sempre que este não é submetido à ação de forças de qualquer natureza, resulta que:

$$L = L_0 - i \cdot \Delta F$$

Isto implica que:

$$L = L_0$$

Ou seja, sempre que um corpo dinamoscópico não for submetido à ação de uma intensidade de força, o seu comprimento é igual ao comprimento inicial. Poderia afirmar o referido enunciado da seguinte maneira: O comprimento resultante entre os terminais do corpo dinamoscópico é sempre constante, pois passa a independer da intensidade de força (ΔF); tem-se então o que denominei por corpos rígidos. Nos corpos rígidos ($i = 0$); portanto resulta que:

$$L = L_0 - i \cdot \Delta F$$

Logo se pode concluir que:

$$L = L_0$$

b) $\Delta F > 0$. Conforme cresce a intensidade da força que imprime o corpo dinamoscópico, na deformação por compressão, o comprimento entre os seus terminais decresce, já que aumenta a variação da deformação perfeitamente elástica.

c) $\Delta F_{máxima}$. Teoricamente o decréscimo do comprimento do corpo dinamoscópico (L), em função do acréscimo da intensidade de força (ΔF), ocorre até o instante em que o comprimento total (L) do corpo dinamoscópico alcança seu mínimo valor possível, ou seja, (L = 0). Quando isso ocorrer, o valor da intensidade de força ΔF imprimida no corpo dinamoscópico será máxima (ΔF_{mx}).

$$L = 0 \text{ corresponde a } \Delta F_{mx}.$$

Como se sabe:

$$L = L_0 - i \cdot \Delta F$$

Portanto conclui-se que:

$$0 = L_0 - i \cdot \Delta F_{mx}$$

Logo resulta no seguinte:

$$\Delta F_{mx} = L_0/i$$

Evidentemente, na teoria, zero é o valor mínimo possível para o comprimento do corpo dinamoscópico (L). Porém, na prática é certamente impossível, pois simplesmente significa que o corpo dinamoscópico não apresenta comprimento de nenhuma natureza ou grau. No entanto nos problemas práticos deve-se procurar trabalhar com o limite da intensidade de força máxima e, portanto com o limite do comprimento mínimo que um dado corpo dinamoscópico pode suportar dentro dos limites das deformações perfeitamente elásticas; a intensidade de força imprimida no sistema será então máxima (ΔF_{mx}), quando o comprimento do corpo dinamoscópico for máximo (L_{mx}) dentro dos limites das deformações perfeitamente elásticas. Portanto a equação da deformação elástica por tração permite escrever:

$$L_{mx} = L_0 - i \cdot \Delta F_{mx}$$

Considerando casos teóricos, designarei a intensidade de força no instante em que atinge o valor máximo dentro dos limites da deformação perfeitamente elástica, por (ΔF_{lx}) que se sabe que a mesma é a própria (ΔF_{mx}), pois ao ser impresso dentro dos limites das deformações elásticas, esse limite diminui cada vez mais até anular-se totalmente, então se tem:

$$\Delta F_{lx} = L_0/i$$

Observa-se que o valor da intensidade de força máxima dentro dos limites das deformações perfeitamente elástica é característica do corpo dinamoscópico considerado, pois se obtém através do quociente direto entre duas constantes características do corpo dinamoscópicos.

4. Representação Gráfica de um Corpo Dinamoscópico Numa Deformação por Compressão – Curva Característica

Observando o comprimento do corpo dinamoscópico variando em função da intensidade de força (ΔF) imprimida, nota-se uma dependência claramente linear, o que sugere uma reta, cujas principais características são as seguintes:

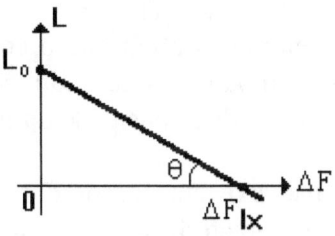

$$\mathbf{Tg\theta} \underset{=}{N} \mathbf{L_0/\Delta F_{lx}}$$

Portanto, isto implica que:

$$\mathbf{Tg\theta} \underset{=}{N} \mathbf{i}$$

Então um corpo dinamoscópico rígido apresentaria uma curva constante; isto é, independente dos demais fatores variáveis, como a intensidade de força, a temperatura etc. Desses fatores o mais importante é a intensidade da força imprimida no corpo dinamoscópico rígido. No caso de um corpo dinamoscópico de comprimento inicial constante, por exemplo, a característica externa do referido cargo teria o aspecto indicado no seguinte gráfico:

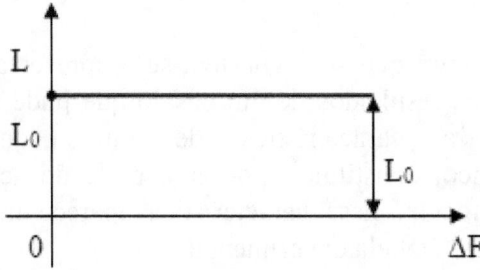

Nota-se no referido gráfico que o comprimento inicial existente entre os terminais do referido corpo é constante, qualquer que seja o valor da intensidade da força imprimida no corpo rígido.

Na prática não existem corpos dinamoscópicos de tal natureza: essa é a característica de um corpo rígido de comprimento invariável. Nos corpos dinamoscópicos reais, no que se refere a deformações por compressão, naturalmente o comprimento do corpo dinamoscópico diminui à medida que a intensidade da força imprimida aumenta. Tal são o caso das molas de aço espiraladas longitudinalmente, resinas elásticas e os metais em geral, cuja característica da deformação por compressão e da intensidade de força é do tipo representado no seguinte gráfico:

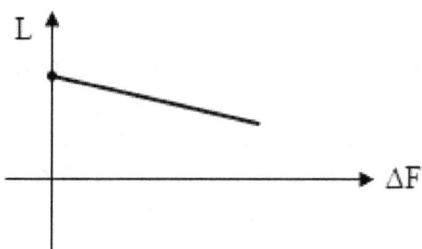

Na figura que se segue tem-se a apresentação de uma tabela com os resultados de um ensaio que pude realizar para determinar a característica de um pequeno corpo dinamoscópico, constituído por uma mola de aço espiralada longitudinalmente. Essa característica aparece no gráfico ao lado da referida tabela experimental.

ΔF	L
Newton	cm
0	1,54
100	1,48
190	1,42
310	1,36

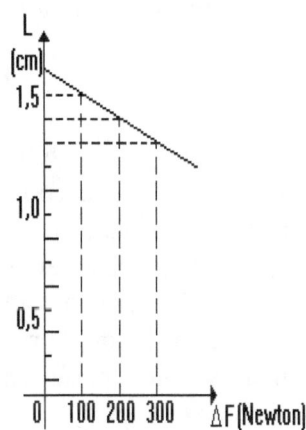

Os corpos dinamoscópicos que apresentam características retilíneas ou pelo menos aproximadamente retilínea, como as representadas a seguir, são equivalentes a um corpo dinamoscópico de elasticidade perfeita.

De fato, a característica de um corpo dinamoscópico perfeitamente elástico como a representada na próxima figura, permite escrever para um valor qualquer da intensidade de força:

$$L_0 = L + \Delta L$$

Onde (ΔL) é uma variação de deformação provocada no corpo dinamoscópico, proporcional à própria intensidade de força (ΔF).

$$\Delta L = i \cdot \Delta F$$

Logo resulta que:

$$L_0 = L + i \cdot \Delta F$$

Portanto conclui-se que:

$$L = L_0 - i \cdot \Delta F$$

Ora, esta última equação tanto representa a característica do corpo dinamoscópico perfeitamente elástico, numa deformação por compressão, como a da associação representada à esquerda da figura ao lado do gráfico que se segue, onde (L_0) é o comprimento inicial constante de um dado corpo dinamoscópico rígido, associado em série com um corpo dinamoscópico perfeitamente elástico de intensidade elástica caracterizada por (i). O comprimento (L_0) é denominado simplesmente por comprimento inicial do corpo dinamoscópico perfeitamente elástico e (i) é a intensidade elástica desse corpo.

Deve-se observar nesta análise que o comprimento inicial (L_0) é igual ao comprimento do corpo dinamoscópico quando ele estiver livre; isto é, quando a intensidade de força imprimida for nula. De fato, na última equação a pouco mencionada, tem-se (L = L_0) quando ($\Delta F = 0$). Por outro lado, ao prolongar a característica retilínea do corpo dinamascópico perfeitamente elástica numa deformação por compressão, esta curva irá encontrar o eixo das forças no ponto ($\Delta F = \Delta F_{lx}$) dentro dos limites das deformações perfeitamente elásticas. A intensidade de força (ΔF_{lx}) é chamada por força máxima de uma deformação perfeitamente elástica por compressão, porque a intensidade de força imprimida no corpo dinamoscópico provoca (L = 0). A intensidade de força máxima de uma deformação por compressão perfeitamente elástica de um corpo dinamoscópico de comprimento inicial constante; ou seja, invariável é determinado com o auxílio da característica e não por meio de experiência direta, com se poderia pensar. A intensidade elástica (i) do corpo dinamoscópico também pode ser determinada através de sua característica, onde se tem:

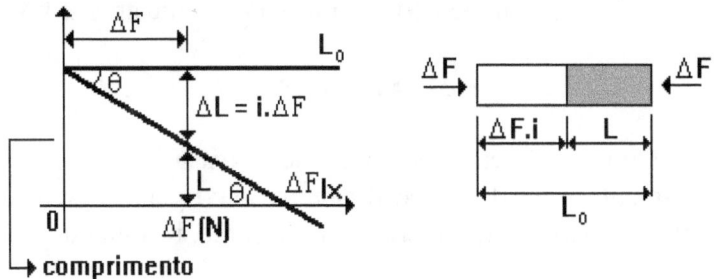

Observando o gráfico, conclui-se que:

$$i = (L_0 - L)/\Delta F = Tg\theta$$

Ou ainda, para L = 0, resulta que:

$$i = L_0/\Delta F_{lx} = Tg\theta$$

Deve-se observar que a característica de um corpo dinamoscópico perfeitamente elástico de comprimento inicial e intensidade elástica constante, numa deformação por compressão é uma reta. Por essa razão, as deformações elásticas por compressão são denominadas por lineares. A característica de uma deformação por compressão linear pode ser determinada com o auxílio de apenas dois pontos. Em partículas, ela fica perfeitamente determinada quando se conhece o comprimento inicial do corpo dinamoscópico (L_0) e a intensidade de força máxima imprimida numa deformação perfeitamente elástica (ΔF_{lx}).

5. Equação da Deformação Linear por Compressão

Sabe-se que a variação de comprimento de um corpo dinamoscópico é igual ao produto entre o coeficiente de deformação linear pelo comprimento inicial pela variação da intensidade de força imprimida no corpo dinamoscópico.

O referido enunciado é expresso simbolicamente por:

$$\Delta L = h \cdot L_0 \cdot \Delta F$$

Como a variação da deformação é igual ao comprimento total do corpo dinamoscópico pela diferença do comprimento inicial do referido corpo, então, resulta que:

$$L - L_0 = h \cdot L_0 \cdot \Delta F$$

Como o comprimento total do corpo dinamoscópico é menor que o comprimento inicial do referido corpo na ausência de forças imprimidas:

$$L < L_0$$

Então resulta que a variação da deformação é negativa; o que permite concluir que:

$$L = L_0 - h \cdot L_0 \cdot \Delta F$$

Portanto resulta que:

$$L = L_0 \cdot (1 - h \cdot \Delta F)$$

Essa é a expressão que permite obter o novo comprimento do corpo dinamoscópico, numa deformação por compressão, a um dado valor da intensidade de força imprimida no corpo dinamoscópico.

6. Equação Geral da Deformação Linear por Compressão

Pela lei geral da deformação linear, sabe-se que a variação da deformação é igual ao produto entre a característica dinamoscópica pelo comprimento inicial e pela variação de intensidade de força imprimida no corpo dinamoscópico, inversa pela área da secção transversal.

Simbolicamente, o referido enunciado é expresso por:

$$\Delta L = \eta . L_0 . \Delta F/A$$

Sabe-se que a variação da deformação é igual ao comprimento total do corpo dinamoscópico na presença de uma força pela diferença do comprimento inicial do referido corpo, na ausência de forças.

Simbolicamente, o referido enunciado é expresso por:

$$\Delta L = L - L_0$$

Que substituída na última equação, resulta que:

$$L - L_0 = \eta . L_0 . \Delta F/A$$

Porém, com sabe-se que a variação da deformação é negativa na deformação por compressão, então, conclui-se que:

$$L = L_0 - \eta . L_0 . \Delta F/A$$

O que permite escrever:

$$L = L_0 . (1 - \eta . \Delta F/A)$$

A referida expressão é aquela que permite obter um novo comprimento do corpo dinamoscópico, numa deformação por compressão, a um determinado valor de intensidade de força.

A constante (η) é denominada por característica dinamoscópica, entre as intensidades de forças (F_0) e (F). A unidade dessa constante será estabelecida em capítulos posteriores.

7. Corpos Bielásticos

Com uma vara flexível de aço, faz-se um arco, cuja corda é constituída por uma mola de aço espiralada longitudinalmente. Na ausência total de foras as espiras dessa mola devem encostar-se uma à outra.

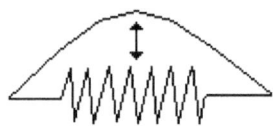

Ao manter uma das extremidades do arco fixa em uma referência inercial e na outra extremidade imprimir uma intensidade de força, esse arco assim obtido, sofrerá uma diferença em sua curva.

Analisando essa diferença de curva, verifica-se que:

Se a flecha do arco aumentar e se a mola de aço tender a restituir-se ao seu estado inicial, então a deformação é dita por compressão.

Porém, se no caso, a flexa do arco diminuir; o arco tenderá para o estado retilíneo e se a mola de aço sofrer um aumento em sua deformação, a mesma é dita por tração.

Os corpos bielásticos apresentam certa aplicabilidade na construção de certos dinamômetros industriais e de reguladores automático de forças.

No regulador automático de força citado, ao se atingir uma determinada intensidade de força, o corpo bimetálico abre o contato elétrico interrompendo a corrente elétrica. Quando a intensidade de força cai, o corpo volta a fechar o contato elétrico e, novamente, restabelece a corrente de força.

Conhecendo-se a intensidade de força em que os dois corpos dinamoscópicos foram ligados entre si, pode-se utilizar a propriedade da curvatura para a construção de um dinamômetro. Para a graduação da escala desse dinamômetro bielástico, é ainda necessário o conhecimento da característica dinamoscópica médio da elasticidade de cada corpo, para que se possa calcular a intensidade de força a partir das medidas de comprimento.

Evidentemente, o fenômeno da Histerese Mecânica prejudica o bom funcionamento de um dinamômetro desse tipo; deve-se regula-lo periodicamente.

Do mesmo modo, poderiam-se ligar duas molas de aço espiraladas longitudinalmente, pelos seus extremos.

A principal característica dessas molas é a seguinte: uma das molas além de ter um comprimento inicial maior do que a outra deverá ainda apresentar suas espiras distanciadas uma da outra, ao passo que, a outra mola sendo menor que a primeira, deverá ainda apresentar suas espiras encostadas uma na outra.

Dessa maneira ao ligar as molas pelos seus terminais, a menor deverá sofre uma deformação por tração até que alcance o mesmo comprimento da mola maior. Ao ser ligado, esta por sua vez sofre uma deformação por compressão até que o equilíbrio dinamoscópico seja estabelecido.

Do que afirmei é possível extrair as seguintes conclusões:

a) Dois corpos de característica elástica diferentes, rigidamente unidos de ponta a ponta, constituem um bielástico.

b) Um bielástico deforma-se, quando submetido a uma variação de intensidade de força.

c) A mola maior sofre uma deformação por compressão enquanto a mola menor restitui ao seu estado natural, quando a intensidade de força comprimir o bielástico.

d) Quando o bielástico for submetido a uma deformação por tração, a mola maior tende a restituir-se ao seu estado natural, enquanto que a mola menor sofre uma deformação por tração.

8. Bons e Maus Deformadores

Ao imprimir uma dada intensidade de força em diferentes corpos dinamoscópicods, observa-se que as variações de deformação resultante não são iguais umas às outras. Daí segue-se que é possível classificar-los em bons deformadores e maus deformadores.

Os corpos dinamoscópicos bons deformadores sofrem deformações com grande facilidade e, portanto são todos aqueles que apresentam alta intensidade elástica. Eis os melhores deformadores: fio elástico, molas de aço espiralado longitudinalmente, chumbo, alumínio etc.

Os maus corpos dinamoscópicos deformadores são todos os corpos nos quais a força imprimida numa alta intensidade provoca uma deformação muito pequena. Como exemplo, apresento o aço, o ferro e uma série de outros metais.

Nos capítulos que se seguirão vou procurar demonstrar através de dados experimentais, o que acabo de afirmar.

O aço por apresentar baixas deformações e, portanto pequena intensidade elástica, encontra-se entre os metais que menos se rompe, podendo ser submetido à ação de forças muito intensas.

A seguir procurarei descrever algumas aplicações práticas de corpos dinamoscópicos bons e maus deformadores.

Os bons deformadores encontram vasta aplicação em todas as atividades do homem. As molas de aço em espiral longitudinal e transversal, por exemplo, são muitíssimas empregadas na fabricação de instrumentos de origem mecânica, como relógios, máquinas de escrever, máquinas de costura, máquinas em geral, amortecedores etc. O alumínio é o metal preferido na fabricação de alças e ligações de pontes mecânicas.

Os corpos dinamoscópicos maus deformadores apresentam grandes aplicações. Justamente pelo fato de serem maus deformadores é que estes corpos são de enorme utilidade, pois são usados como isolantes de deformações. E apresentando deformações mínimas, os corpos dinamoscópicos estão longe de ser rompidos por uma fora mais ou menos intensa.

Assim, os cofres de aço são de certa forma impenetrável, protegendo o seu conteúdo. Vigas de aço são largamente empregadas na arquitetura e engenharia. Os fios de aço são empregados em guindastes objetivando os deslocamentos de altas intensidades de força.

CAPÍTULO VII
Deformação Elástica Superficial

1. Introdução

Nos capítulos anteriores foi fundamentado o estudo da deformação linear. No presente índice vou procurar postular a lei fundamental da deformação superficial.

Para compreender o sentido que dou à deformação superficial, deve-se considerar uma lona elástica presa por uma de suas arestas a um referencial inercial; e que uniformemente em toda extensão da borda da extremidade oposta seja impressa uma intensidade de força. De tal modo que a referida superfície elástica passa a deformar-se no sentido da intensidade de força imprimida.

Especialmente neste caso, a força aplicada é apenas uma e, portanto somente uma das arestas dessa superfície elástica aumenta de comprimento, obedecendo às leis da deformação linear.

2. Comportamento da Deformação Superficial

Posso afirmar que uma superfície elástica com uma força imprimida em apenas uma aresta da referida superfície, comporta-se como um corpo dinamoscópico de deformação linear.

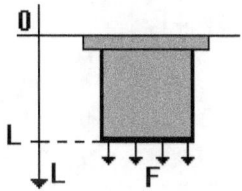

Por outro lado imprimindo-se uma intensidade de força perpendicular à primeira nessa superfície inicial, feita de um material elástico cujo coeficiente de deformação linear é (h), cada uma das arestas aumenta obedecendo às leis da deformação linear, já estudadas. Em consequência, a área de cada face sofre uma deformação (ΔA), maior ou menor de acordo com a intensidade de forças imprimida nestas arestas.

Nos esquemas que se seguirão, procuro mostrar o raciocínio que permitiu chegar à conclusão da lei fundamental da deformação superficial.

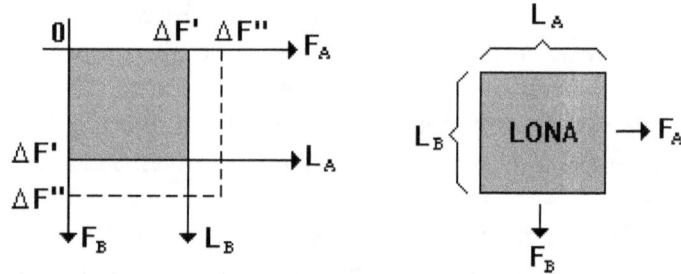

Sabe-se pela geometria plana que a área de um retângulo ou cubo é igual à base multiplicada pela altura.

Portanto, vem que:

ÁREA = L$_A$. L$_B$

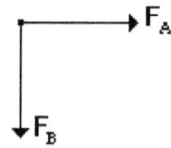

Logo resulta:

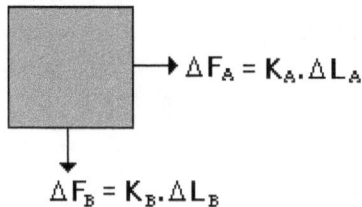

$$\Delta F_A = K_A . \Delta L_A$$

$$\Delta F_B = K_B . \Delta L_B$$

O comprimento de cada aresta da área aumenta na proporção em que a intensidade de força imprimida aumenta. Nesse caso por intermédio da lei de Hook, pode-se afirmar que:

a) A variação da intensidade de força imprimida na aresta (B) de uma superfície elástica é diretamente proporcional à variação da deformação da referida aresta.
Simbolicamente, o referido enunciado é expresso por:

$$\Delta F_B = K_B . \Delta L_B$$

b) A variação da intensidade de força imprimida na aresta A de uma superfície elástica é diretamente proporcional à variação da deformação da referida aresta.
O referido enunciado é expresso simbolicamente por:

$$\Delta F_A = K_A . \Delta L_A$$

Multiplicando-se as duas expressões anteriores, obtém-se o seguinte:

$$\Delta F_A = K_A . \Delta L_A$$
$$\underline{\Delta F_B = K_B . \Delta L_B}$$
$$\Delta F_A . \Delta F_B = K_A . K_B = \Delta L_A . \Delta L_B$$

Pela geometria plana sabe-se que a área de um retângulo ou quadrado é dada por: $(A = L_1 . L_2)$; aplicando-se essa lei na fórmula a pouco deduzida, obtém-se: (ΔA = $\Delta L_A . \Delta L_B$), exprime-se:

$$\Delta F_A . \Delta F_B = K_A . K_B . \Delta A$$

Porém ($K_A . K_B$) é uma constante (K) genérica da superfície elástica; pois o produto de uma constante por outra constante simplesmente implica no resultado de uma constante geral.

Assim, a última expressão é simplificada para:

$$\Delta F_A . \Delta F_B = K . \Delta A$$

Por outro lado, nada impede que se imprimam intensidades de forças nos quatro sentidos da superfície elástica retangular. Nesse caso essas forças oponhem-se duas a duas, porém são forças elásticas, se em um sentido a intensidade da força aumenta chega a aumentar a superfície elástica; então no sentido oposto uma nova intensidade de força maior do que a primeira imprimida em um momento posterior deverá obrigatoriamente provocar uma nova deformação na superfície elástica. Essas deformações resultantes aumentam de acordo com a somatória das intensidades de forças que se opõem.

Dessa maneira, considerando um corpo dinamoscópico perfeitamente elástico e linear, cuja uma das extremidades encontra-se submetida à ação de uma intensidade de força imprimida no sentido geográfico norte; e a outra extremidade encontra-se submetida à ação de outra intensidade de força imprimido no sentido geográfico sul, ocorre nesse caso que, o efeito da deformação linear por tração corresponde aos efeitos de uma intensidade de fora resultante ou equivalente à somatória entre a intensidade dessas duas forças.

3. Representação Cartesiana

Pode-se provar experimentalmente, que numa superfície elástica a resultante das intensidades de forças que se oponhem multiplicadas pela resultante das forças perpendiculares à primeira é igual ao produto entre uma constante pela variação da área da superfície elástica. Em outros termos, poderia afirmar que o produto entre as intensidades de forças resultantes é diretamente proporcional à variação de área da superfície elástica.

Simbolicamente, o referido enunciado é expresso por:

$$\Delta F_{R1} . \Delta F_{R2} = K . \Delta A$$

A representação cartesiana do produto entre as intensidades de forças resultantes ($\Delta F_{R1} . \Delta F_{R2}$) em função da variação da área (ΔA) da superfície elástica toma o aspecto de uma reta.

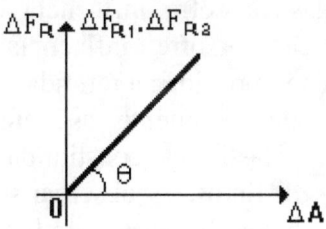

Observando o ângulo θ, facilmente conclui-se que:

$$Tg\theta \underset{=}{N} \Delta F_{R1} . \Delta F_{R2}/\Delta A$$

Logo resulta que:

$$Tg\theta \underset{=}{N} K$$

A tangente do angulo é numericamente igual à constante genérica da área.

Pode-se verificar experimentalmente que ao se imprimir uma intensidade de força perpendicular a uma superfície perfeitamente elástica, cada uma das arestas se deforma, obedecendo independentemente à lei de Hook; ou seja, a variação da intensidade de força imprimida num sentido da aresta é diretamente proporcional à variação da deformação da referida aresta, cujo sentido da deformação elástica linear coincide com o sentido da intensidade de força imprimida. Por outro lado, verifica-se experimentalmente que a variação do comprimento da deformação de uma das arestas ao ser submetido à ação de uma intensidade de força constante é diretamente proporcional ao comprimento inicial dessa aresta. São por esse motivo que em uma mesma superfície elástica, as constantes elásticas perpendiculares são perfeitamente distintas uma da outra. O mesmo fenômeno ocorre com a aresta perpendicular à primeira.

Desse modo pode-se concluir que a variação da área de uma superfície elástica sofre influência da área inicial na deformação elástica e sofre influência da variação da intensidade de força imprimida na referida área inicial.

Repetindo sucessivamente as referidas experiências para superfícies elásticas constituídas por materiais dinamoscópicos distintos, observar-se-á o mesmo comportamento a pouco descrito, embora as deformações sejam particulares em cada caso. Portanto, chega-se a concluir que a variação da área (ΔA) de uma superfície elástica ao ser imprimida sob a ação de uma intensidade de força, depende do material elástico que a constitui.

4. Coeficiente de Deformação Superficial

Tendo em vista os resultados experimentais enunciados há poucos instantes, pode-se afirmar que a variação da deformação superfície (ΔA) de uma superfície perfeitamente elástica é diretamente proporcional ao valor inicial da área (A_0) da referida superfície na ausência de forças e diretamente proporcional ao produto entre as intensidades de forças perpendiculares resultantes imprimidas nessa superfície elástica. Dessa maneira, o referido enunciado pode ser expresso simbolicamente por:

$$\Delta A = H . A_0 . \Delta F_{R1} . \Delta F_{R2}$$

Onde (H) é uma constante de proporcionalidade denominada por coeficiente de deformação superficial médio, característico de cada material dinamoscópico. A referida expressão constitui a lei da deformação superficial. Devo destacar que o coeficiente de deformação superficial médio, na realidade, não é uma constante, dentro do intervalo de intensidade de força considerada; trata-se, isso sim, de uma função da força; ou seja, é distinta para cada valor de força, dependendo naturalmente da natureza do material dinamoscópico. Entretanto, se considerar intervalos não muito grandes de intensidades de forças, o coeficiente (H) apresentará variação insignificante; isso permitirá, então, que se admite o coeficiente (H) como constante, dentro desses intervalos. Tal procedimento é exatamente o que tenho adotado para as considerações iniciais acerca de (H).

Observando a expressão de (H), percebe-se facilmente que sua dimensão é de inverso de força. Usualmente, (H) é dado em $(F)^{-2}$. Portanto a unidade do coeficiente de deformação superficial (H) é a mesma da unidade de coeficiente de deformação linear (h); isto é, a força recíproca, cujo símbolo é expresso por: (F^{-2}).

5. Equação da Deformação Superficial

A equação para a deformação superficial é obtida substituindo convenientemente (ΔA) por ($A - A_0$), sendo que A corresponde à superfície total resultante e A_0 a área da superfície inicial do corpo dinamoscópico:

Sabe-se que:
$$\Delta A = H . A_0 . \Delta F_{R1} . \Delta F_{R2}$$

Logo:
$$A - A_0 = H . A_0 . \Delta F_{R1} . \Delta F_{R2}$$

Que resulta:
$$A = A_0 + H . A_0 . \Delta F_{R1} . \Delta F_{R2}$$

Portanto:
$$A = A_0 . (1 + H . \Delta F_{R1} . \Delta F_{R2})$$

Essa é a expressão que possibilita obter a nova área da face do sólido, a uma determinada intensidade de força resultante.

6. Representação Cartesiana

Tomando-se a equação $A = A_0 . (1 + H . \Delta F_{R1} . \Delta F_{R2})$, então a representação cartesiana de (A) em função de ($\Delta F_{R1} . \Delta F_{R2}$) toma o aspecto de uma reta.

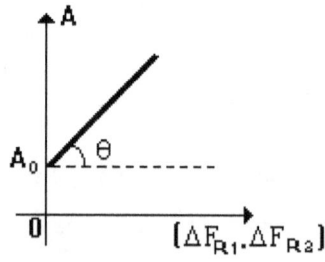

Analisando o ângulo (θ), tem-se:

$$Tg\theta \equiv N \, A_0 . H$$

Para verificar a relação existente entre (h) e (H), considere um retângulo, inicialmente a uma intensidade de força ($F_R = 0$), de dimensões (l_{01}) e (l_{02}). Imprimindo-se uma intensidade de força em cada uma das arestas, as dimensões do novo retângulo serão:

a) $\Delta l_1 = l_{01} . h_1 . \Delta F_{R1}$

b) $\Delta l_2 = l_{02} . h_2 . \Delta F_{R2}$

A área do retângulo, à intensidade de força (ΔF_R), será:

$$\Delta A = A_0 . H . \Delta F_{R1} . \Delta F_{R2}$$

Sabe-se que:

a) $\Delta A = \Delta l_1 . \Delta l_2$

b) $A_0 = l_{01} . l_{02}$

$$\Delta l_1 . \Delta l_2 = l_{01} . l_{02} . H . \Delta F_{R1} . \Delta F_{R2}$$

Substituindo os valores de ($\Delta l_1 . \Delta l_2$), tem-se:

$$l_{01} . l_{02} . h_1 . h_2 . \Delta F_{R1} . \Delta F_{R2} = l_{01} . l_{02} . H . \Delta F_{R1} . \Delta F_{R2}$$

Logo, conclui-se que:

$$\frac{l_{01} . l_{02} . h_1 . h_2 . \Delta F_{R1} . \Delta F_{R2}}{l_{01} . l_{02} . H . \Delta F_{R1} . \Delta F_{R2}} = 1$$

Eliminando os termos em evidência, resulta que:

$$h_1 \cdot h_2/H = 1$$

Portanto:

$$h_1 \cdot h_2 = H$$

Logo, conclui-se que o coeficiente de deformação superficial é igual ao produto entre os coeficientes de deformação linear das arestas do retângulo.

7. Variação da Densidade Superficial com a Força

A definição da densidade superficial implica que a mesma é igual à relação existente entre a massa (M) do material dinamoscópico e a área de uma superfície elástica. Então considere um elemento de superfície de área (A) de uma lona elástica, a qual é constituída por uma determinada massa. A relação implica que:

$$\mu_S = M/A$$

Quando se aumenta a massa em extensão de um corpo dinamoscópico qualquer, a área de sua superfície também aumenta de tal forma que a razão entre ambos permanece constante. E essa constante é a própria densidade superficial do material considerado.

Entretanto, em um corpo dinamoscópico perfeitamente elástico, submetido a uma deformação superficial, a área do mesmo aumenta, sem que ocorra qualquer acréscimo de massa no referido corpo. Com isso conclui-se que a densidade superficial varia com a deformação superficial.

Para sua análise considerarei um corpo dinamoscópico de massa (M) na ausência total de forças (F = 0), apresentando uma área de superfície inicial (A_0) e densidade superficial inicial (μ_{S0}).

Finalmente para se calcular a densidade superficial (μ_S) do corpo dinamoscópico submetido à ação de uma intensidade de força resultante, bata verificar que:
Da equação da deformação superficial, tem-se:

(I) $A = A_0 . (1 + H . \Delta F_{R1} . \Delta F_{R2})$

Sabe-se que:

(II) $\mu_{S0} = M/A_0$ ou $A_0 = M/\mu_S$ e $A = M/\mu_S$ ou $\mu_S = M/A$

Substituindo (II) em (I), obtém-se:

$$M/\mu_S = (M/\mu_{S0}) . (1 + H . \Delta F_{R1} . \Delta F_{R2})$$

Que resulta:

$$\mu_S = \mu_{S0}/(1 + H . \Delta F_{R1} . \Delta F_{R2})$$

Ou seja:

À medida que a força imprimida aumenta de intensidade a densidade superficial do material dinamoscópico diminui na mesma proporção.

8. Relação entre Densidade Superficial e Área de um Corpo Dinamoscópico.

Suponha-se entre densidade superficial e área de um corpo dinamoscópico que se encontra no estado sólido. Considere então que as áreas apresentadas pela massa a uma intensidade de força nula ($F = 0$) e a uma intensidade qualquer de força ($F \neq 0$), sejam respectivamente (A_0) e (A). Designando por (μ_{S0}) e (μ_S) as densidades superficiais, respectivamente a (F = 0) e (F $\neq$ 0), pode-se escrever:

a) F = 0 implica que $\mu_{S0} = M/A_0$

b) F $\neq$ 0 implica que $\mu_S = M/A$

Dividindo (a) por (b), tem-se:

$$\mu_S/\mu_{S0} = (M/A) / (M/A_0)$$

Sabendo-se que o produto dos meios é igual ao produto dos extremos, conclui-se que:

$$\mu_S/\mu_{S0} = M . A_0/A . M$$

Eliminando os termos em evidência, resulta que:

$$\mu_S/\mu_{S0} = A_0/A$$

A referida expressão traduz a relação existente entre a densidade superficial e a área de uma superfície elástica qualquer.

CAPÍTULO VIII
Deformação Elástica Volumétrica

1. Introdução

O paralelepípcdo é um prisma, cujas bases são paralelogramos. O que vai fundamentar o presente capítulo é o estudo das deformações volumétricas de um paralelepípedo ortoedro e consequentemente englobando o estudo do cubo.

2. Geometria Espacial

A geometria espacial permite demonstrar que o volume de um paralelepípedo ortoedro ou de um cubo é igual ao produto existente entre as suas três dimensões; ou seja, o volume de um paralelepípedo é igual ao produto entre a largura (h) pelo comprimento (c) pela largura da base (L) do mesmo.

Simbolicamente, o referido enunciado é expresso por:

$$V = h \cdot c \cdot L$$

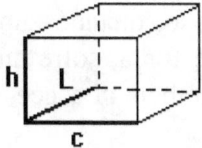

Dessa maneira, a deformação do volume de um paralelepípedo, ou de um cubo, ocorre somente no sentido de suas três dimensões.

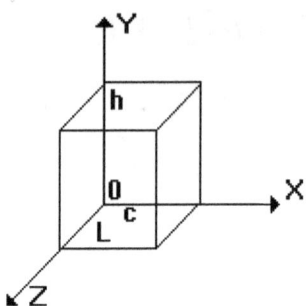

Considere uma intensidade de forma sendo impressa no sentido (0Y), que corresponde à altura de um paralelepípedo elástico, nesse caso ocorre uma variação de deformação linear por tração, ocasionando apenas a deformação da aresta correspondente à altura.

Verifica-se experimentalmente que a intensidade de força imprimida na deformação por tração da altura (h) é diretamente proporcional à variação da deformação da referida aresta. Portanto, a variação da deformação da altura do paralelepípedo obedece à lei estabelecida por Hook.

Seja outra intensidade de força imprimida na direção (0X), que corresponde ao comprimento da aresta da base do paralelepípedo elástico, nesse caso, também ocorrerá uma deformação linear por tração, cuja intensidade de força imprimida e a variação de deformação resultante, obedecem à lei de Hook.·.

Por outro lado, o sentido (0Z), que corresponde à largura da aresta da base, quando submetida à ação de uma intensidade qualquer de força, sofre também uma deformação linear por tração, que também obedece à lei exposta por Hook.

3. Equação Volumétrica

Tendo em vista as três dimensões que influem no volume de um paralelepípedo ou um cubo perfeitamente elástico, pode-se expressar matematicamente que a intensidade de força resultante em cada uma das três direções é dada por:

a) a variação da intensidade de força imprimida na aresta da altura é diretamente proporcional à variação da altura. Simbolicamente, o referido enunciado é expresso por:

$$\Delta F_1 = K_1 . \Delta h$$

b) a variação da intensidade de força imprimida na aresta correspondente ao comprimento do cubo é diretamente proporcional à variação de comprimento da aresta do cubo. O referido enunciado é expresso simbolicamente por:

$$\Delta F_2 = K_2 . \Delta c$$

c) A variação da intensidade de força imprimida na aresta correspondente à largura do cubo é diretamente proporcional à variação de comprimento da aresta da largura. Simbolicamente, o referido enunciado é expresso por:

$$\Delta F_3 = K_3 . \Delta L$$

O produto entre os três enunciados a pouco emitidos, resultam que:

$$\Delta F_1 = K_1 . \Delta h$$
$$\Delta F_2 = K_2 . \Delta c$$
$$\Delta F_3 = K_3 . \Delta L$$

$$\Delta F_1 . \Delta F_2 . \Delta F_3 = K_1 . K_2 . K_3 = \Delta h . \Delta c . \Delta L$$

Sabe-se pela geometria espacial que o volume é igual ao produto entre as três dimensões; e, portanto a variação do volume de um paralelepípedo ou de um cubo é igual ao produto entre as variações das três dimensões.

Portanto, a variação do volume é igual à variação da altura do paralelepípedo multiplicado pela variação do comprimento da aresta da base em produto com a variação da largura do referido paralelepípedo.

Simbolicamente, o referido enunciado é expresso por:

$$\Delta V = \Delta h \,.\, \Delta c \,.\, \Delta L$$

Dessa maneira, é possível simplificar a penúltima expressão para:

$$\Delta F_1 \,.\, \Delta F_2 \,.\, \Delta F_3 = K_1 \,.\, K_2 \,.\, K_3 \,.\, \Delta V$$

Por outro lado, o produto entre as três constantes de Hook (K_1, K_2, K_3) correspondem a uma constante generalizada (K). Pois, o produto entre três constantes, simplesmente resulta numa nova constante.

Assim, a última expressão pode ser simplificada e expressa da seguinte maneira:

$$\Delta F_1 \,.\, \Delta F_2 \,.\, \Delta F_3 = K \,.\, \Delta V$$

Na deformação elástica volumétrica, as intensidades de forças podem ser impressas em todos os sentidos de um paralelepípedo e, portanto nesse caso, as intensidades de forças se opõem duas a duas, originando uma intensidade resultante em cada uma das três dimensões existentes.

Dessa forma, a última expressão é dada pelas intensidades de forças resultantes imprimidas nas três dimensões do corpo dinamoscópico em debate.

$$\Delta F_{R1} \,.\, \Delta F_{R2} \,.\, \Delta F_{R3} = K \,.\, \Delta V$$

Ou seja, o produto entre as intensidades de forças resultantes em cada uma das três arestas é diretamente proporcional à variação do volume de um paralelepípedo ou de um cubo perfeitamente elástico.

4. Representação Cartesiana do Produto Entre as Intensidades de Forças Resultantes em um Paralelepípedo

Consisderando (ΔF_{R1}, ΔF_{R2}, ΔF_{R3}) em função da variação do volume (ΔV) do referido paralelepípedo toma o aspecto de uma reta, conforme o indicado no seguinte gráfico:

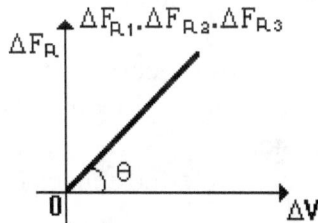

Analisando o ângulo (θ), facilmente conclui-se que:

$$Tg\theta \underset{=}{N} \Delta F_{R1} \cdot \Delta F_{R2} \cdot \Delta F_{R3}/\Delta V$$

Logo resulta que:

$$Tg\theta \underset{=}{N} K$$

A tangente do ângulo (θ) é numericamente igual à constante genérica de volume.

5. Análise da Deformação Volumétrica

Aqui também, a deformação elástica volumétrica sofre influência do volume inicial do corpo dinamoscópico.

Em um mesmo paralelepípedo as três grandezas ou dimensões possuem comprimentos iniciais diferentes, e por isso mesmo a constante de elasticidade do material dinamoscópico variam com as três dimensões, ou seja:

$$K_1 \neq K_2 \neq K_3$$

Dessa maneira, é possível verificar experimentalmente que cada uma das variações das três dimensões de um paralelepípedo qualquer, é diretamente proporcional ao seu comprimento inicial, quando submetidos à ação de uma força de intensidade constante. Ou melhor:

a) A variação da aresta correspondente à altura do paralelepípedo é diretamente proporcional ao comprimento inicial da referida aresta.

Simbolicamente, o referido enunciado é expresso por:

$$\Delta h = K_A \cdot h_0$$

b) A variação do comprimento da aresta da base de um paralelepípedo é diretamente proporcional ao comprimento inicial da aresta da base do referido corpo dinamoscópico.

O referido enunciado é expresso simbolicamente por:

$$\Delta c = K_B \cdot c_0$$

c) A variação da largura da aresta da base de um paralelepípedo é diretamente proporcional à largura inicial da aresta da base do referido corpo dinamoscópico.

Simbolicamente, o referido enunciado é expresso por:

$$\Delta L = K_C \cdot L_0$$

O produto entre as três expressões anteriores, resultam na seguinte:

$$\Delta h = K_A \cdot h_0$$
$$\Delta c = K_B \cdot c_0$$
$$\Delta L = K_C \cdot L_0$$

$$\Delta h \cdot \Delta c \cdot \Delta L = K_A \cdot K_B \cdot K_C = h_0 \cdot c_0 \cdot L_0$$

Sabe-se pela geometria espacial que a variação do volume de um paralelepípedo qualquer é igual à variação das três dimensões. Ou seja, a variação do volume é igual à variação da altura da aresta da base multiplicada pela variação do comprimento da aresta da base em produto com a variação da largura da aresta da base do referido paralelepípedo.

O referido enunciado é expresso simbolicamente por:

$$\Delta V = \Delta h \cdot \Delta c \cdot \Delta L$$

Substituindo convenientemente na última expressão, resulta que:

$$\Delta V = K_A \cdot K_B \cdot K_C \cdot h_0 \cdot c_0 \cdot L_0$$

Sabe-se que o volume inicial de um paralelepípedo é igual ao produto entre as suas três dimensões iniciais. Ou melhor, o volume inicial de um paralelepípedo qualquer é igual à aresta da altura inicial multiplicada pelo comprimento inicial da aresta da base em produto com a largura inicial da aresta do referido paralelepípedo.

Simbolicamente, o referido enunciado é expresso por:

$$V_0 = h_0 \cdot c_0 \cdot L_0$$

Que substituindo convenientemente na última expressão, resulta que:

$$\Delta V = K_A . K_B . K_C . V_0$$

Por outro lado, o produto entre as três constantes; (K_A, K_B e K_C), resultam numa constante genérica ou equivalente (K). Pois, o produto de três constantes, resulta numa constante. Isso permite expressar simbolicamente que:

$$K = K_A . K_B . K_C$$

Substituindo convenientemente o referido enunciado na última expressão, obtém-se:

$$\Delta V = K . V_0$$

Desse modo, conclui-se que a variação do volume de um paralelepípedo elástico qualquer é diretamente proporcional ao volume inicial do mesmo na ausência de forças imprimidas.

Tendo em vista os resultados teóricos enunciados, pode-se categoricamente afirmar que ao se imprimir uma intensidade de força nas três dimensões que influme diretamente no volume do paralelepípedo, aumentam o comprimento de cada aresta, a área de cada face e, portanto o volume do paralelepípedo elástico.

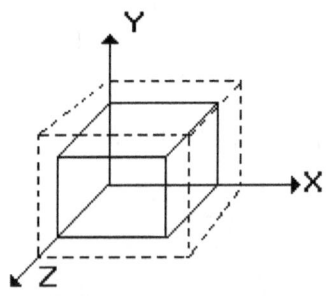

6. Identidade das Deformações Volumétricas e Lineares

A deformação volumétrica de um corpo elástico segue leis idênticas a da deformação linear, válida quando as intensidades das forças são impressas nas três dimensões de um corpo dinamoscópico, como um paralelepípedo ou um cubo.

Assim, generalizando os resultados observados, conclui-se que a variação do volume (ΔV) de um paralelepípedo ou cubo perfeitamente elástico é diretamente proporcional ao volume inicial (V_0) do mesmo e diretamente proporcional ao produto da intensidade de força resultante nos três sentidos espaciais. O referido enunciado é expresso simbolicamente por:

$$\Delta V = f . V_0 . \Delta F_{R1} . \Delta F_{R2} . \Delta F_{R3}$$

Onde (f) é uma constante de proporcionalidade denominado por "coeficiente de deformação volumétrica" do volume de um cubo ou paralelepípedo elástico. Como na constante (H), raciocínio análogo permite admitir que o coeficiente de deformação volumétrica (f) seja constante.

Obviamente, a dimensão do coeficiente de deformação volumétrico é a unidade de força recíproca.

7. Equação da Deformação Elástica Volumétrica

Outra expressão para a deformação volumétrica é obtida substituindo a variação do volume (ΔV) por ($V - V_0$), sendo (V) o volume final do corpo dinamoscópico e (V_0) o volume inicial do mesmo na ausência de forças.

$$V - V_0 = f . V_0 . \Delta F_{R1} . \Delta F_{R2} . \Delta F_{R3}$$

Isto implica que:

$$V = V_0 + f . V_0 . \Delta F_{R1} . \Delta F_{R2} . \Delta F_{R3}$$

Portanto resulta que:

$$V = V_0 . (1 + f . \Delta F_{R1} . \Delta F_{R2} . \Delta F_{R3})$$

Essa é a expressão que permite obter o novo volume do sólido, a uma dada intensidade de força resultante.

8. Representação Cartesiana do Volume

Tomando-se a equação $[V = V_0 . (1 + f . \Delta F_{R1} . \Delta F_{R2} . \Delta F_{R3})]$, então a representação cartesiana do volume (v) em função da intensidade de força resultante ($\Delta F_{R1} . \Delta F_{R2} . \Delta F_{R3}$) toma o aspecto de uma reta.

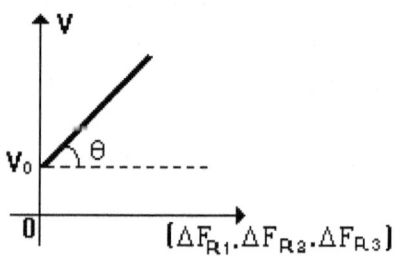

Analisando o ângulo (θ), tem-se:

$$Tg\theta \underset{=}{N} V_0 . f$$

9. Relação Entre h e f

Para verificar a relação existente entre (h) e (f), considere um paralelepípedo, incialmente a uma intensidade de força resultante $(F = 0)$, de dimensões $(l_{01}, l_{02}$ e $l_{03})$. Aplicando-se uma intensidade de força em cada uma das arestas, as dimensões do novo paralelepípedo serão:

a) $\Delta l_1 = l_{01} \cdot h_1 \cdot \Delta F_{R1}$

b) $\Delta l_2 = l_{02} \cdot h_2 \cdot \Delta F_{R2}$

c) $\Delta l_3 = l_{03} \cdot h_3 \cdot \Delta F_{R3}$

O volume do paralelepípedo à intensidade de força resultante (ΔF_R) será:

$$\Delta V = f \cdot V_0 \cdot \Delta F_{R1} \cdot \Delta F_{R2} \cdot \Delta F_{R3}$$

Sabe-se pela geometria espacial que:

a) $\Delta V = \Delta l_1 \cdot \Delta l_2 \cdot \Delta l_3$

b) $V_0 = l_{01} \cdot l_{02} \cdot l_{03}$

$$\Delta l_1 \cdot \Delta l_2 \cdot \Delta l_3 = l_{01} \cdot l_{02} \cdot l_{03} \cdot f \cdot \Delta F_{R1} \cdot \Delta F_{R2} \cdot \Delta F_{R3}$$

Substituindo os valores de $(\Delta l_1, \Delta l_2$ e $\Delta l_3)$, tem-se:

$l_{01} \cdot l_{02} \cdot l_{03} \cdot h_1 \cdot h_2 \cdot h_3 \cdot \Delta F_{R1} \cdot \Delta F_{R2} \cdot \Delta F_{R3} = l_{01} \cdot l_{02} \cdot l_{03} \cdot f \cdot \Delta F_{R1} \cdot \Delta F_{R2} \cdot \Delta F_{R3}$

Dividindo os termos em evidência, resulta que:

$(l_{01} \cdot l_{02} \cdot l_{03} \cdot h_1 \cdot h_2 \cdot h_3 \cdot \Delta F_{R1} \cdot \Delta F_{R2} \cdot \Delta F_{R3}) / (l_{01} \cdot l_{02} \cdot l_{03} \cdot f \cdot \Delta F_{R1} \cdot \Delta F_{R2} \cdot \Delta F_{R3}) = 1$

Eliminando os termos em evidência, resulta no seguinte:

$$h_1 \cdot h_2 \cdot h_3/f = 1$$

Portanto, conclui-se que:

$$h_1 \cdot h_2 \cdot h_3 = f$$

Logo, o coeficiente de deformação volumétrico é igual ao produto entre os coeficientes de deformação linear das arestas do paralelepípedo.

10. Variação da Densidade Volumétrica Com a Intensidade de Força

Densidade volumétrica é a relação existente entre a massa (M) do material dinamoscópico e o volume que o referido corpo ocupa no espaço.

Então considere um elemento dinamoscópico de volume (V) de um corpo elástico, o qual é constituído por uma determinada quantidade de massa.

A relação simbólica da densidade volumétrica implica que:

$$\mu_V = M/V$$

Quando aumenta a massa do corpo dinamoscópico, o volume do mesmo também aumenta de tal forma que a razão entre ambos permanece constante, E essa constante é a própria densidade volumétrica do material.

No entanto, quando um corpo dinamoscópico é submetido a uma deformação volumétrica, o volume do referido corpo passa a sofrer uma variação, sem que ocorra qualquer acréscimo de massa no referido corpo. Com isso conclui-se que a densidade volumétrica varia com a deformação do volume.

Para a sua análise considere um corpo dinamoscópico de massa (M) na ausência total de forças (F = 0). Então o referido corpo apresenta um volume inicial (V_0) e densidade volumétrica inicial (μ_{V0}).

Finalmente para se calcular a densidade volumétrica (μ_V) do corpo dinamoscópico submetido à ação de uma intensidade qualquer de força, naturalmente diferente de zero (F ≠ 0); basta verificar que:

Da equação da deformação volumétrica tem-se:

(I) $V = V_0 . (1 + f . \Delta F_{R1} . \Delta F_{R2} . \Delta F_{R3})$

Sabe-se que:

(II) $\mu_{V0} = M/V_0$ ou $V_0 = M/\mu_{V0}$ e $V = M/\mu_V$ ou $\mu_V = M/V$

Substituindo (II) em (I) obtém-se:

$M/\mu_V = (M/\mu_{V0}) . (1 + f . \Delta F_{R1} . \Delta F_{R2} . \Delta F_{R3})$

Que resulta:

$\mu_V = \mu_{V0}/(1 + f . \Delta F_{R1} . \Delta F_{R2} . \Delta F_{R3})$

Dessa maneira, à medida que a intensidade de força imprimida aumenta, a densidade volumétrica do material dinamoscópico diminuiu na mesma proporção de acordo com a equação.

O termo $(1 + f . \Delta F_{R1} . \Delta F_{R2} . \Delta F_{R3})$ é denominado por "binômio de deformação volumétrica". Assim, pode-se afirmar que a densidade volumétrica varia com o binômio de deformação volumétrica seguindo proporção inversa.

11. Relação Entre Densidade Volumétrica e Volume

Considere uma massa (M) de uma substância qualquer que se encontra no estado sólido. Considere então que os volumes apresentados pela massa a uma intensidade de força nula (F = 0) e a uma intensidade resultante de força diferente de zero (F ≠ 0), sejam respectivamente (V_0) e (V). Designando por (μ_{V0}) e (μ_V) as densidades, respectivamente a uma força (F = 0) e (F ≠ 0), pode-se escrever:

a) **F = 0 implica que $\mu_{V0} = M/V_0$**

b) **F ≠ 0 implica que $\mu_V = M/V$**

Dividindo membro a membro, resulta que:

$$\mu_{V0}/\mu_V = (M/V_0) / (M/V)$$

Sabendo-se que o produto dos meios é igual ao produto dos extremos, resulta que:

$$\mu_{V0}/\mu_V = M . V/M . V_0$$

Eliminando os termos em evidência, resulta que:

$$\mu_{V0}/\mu_V = V/V_0$$

A referida expressão traduz a relação existente entre a densidade e o volume de um corpo dinamoscópico perfeitamente elástico.

Com a dita relação é possível demonstrar a dedução da fórmula da densidade volumétrica em função da variação do volume de um corpo dinamoscópico.

Basta saber que:

$$V = V_0 \cdot (1 + f \cdot \Delta F_{R1} \cdot \Delta F_{R2} \cdot \Delta F_{R3})$$

Portanto, conclui-se que:

$$V_0/V = 1/(1 + f \cdot \Delta F_{R1} \cdot \Delta F_{R2} \cdot \Delta F_{R3})$$

Porém, sabe-se que a relação existente entre a densidade e o volume é dada por:

$$V/V_0 = \mu_{V0}/\mu_V$$

Que substituindo convenientemente na última expressão, resulta que:

$$V_0/V = \mu_{V0}/\mu_V = 1/(1 + f \cdot \Delta F_{R1} \cdot \Delta F_{R2} \cdot \Delta F_{R3})$$

Logo, conclui-se que:

$$\mu_{V0}/\mu_V = 1/(1 + f \cdot \Delta F_{R1} \cdot \Delta F_{R2} \cdot \Delta F_{R3})$$

Portanto, resulta na fórmula que traduz a variação da densidade volumétrica em função da intensidade de força.

$$\mu_V = \mu_{V0}/(1 + f \cdot \Delta F_{R1} \cdot \Delta F_{R2} \cdot \Delta F_{R3})$$

12. Tipo de Deformação dos Líquidos

Como se sabe o líquido não apresenta forma definida; mas, toma a forma dos recipientes que o contêm. Entretanto, em vista da indefinição de forma, só é cabível mencionar deformação elástica em termos de volume. Portanto, de acordo com os conceitos verificados no presente capítulo, tratando-se de líquidos, tanto a deformação linear quanto a superficial perdem o significado, restanto apenas a deformação volumétrica.

Só é possível estudar a deformação de um líquido se este estiver contido em um recipiente, que naturalmente apresenta um volume.

É praticamente impossível submeter um líquido a uma deformação por tração e por isso mesmo o líquido é sempre submetido a uma deformação volumétrica por compressão. Portanto a deformação de um líquido é por natureza negativa.

Porém, como se trata de um princípio geral e característico dos líquidos e gases, então se torna muito mais prático desprezar o sinal negativo.

CAPÍTULO VIII
Deformações Analíticas

1. Introdução

A deformação analisada analiticamente é uma importante parte da elasticidade, em razão de sua ampla aplicabilidade em fenômenos corriqueiros.

A deformação analítica dedica-se ao estudo da elasticidade e dos fenômenos das deformações sempre fundamentados dentro do sistema geométrico criado por René Descartes; ou seja, dentro do cartesianismo. Desse modo, procuro construir os gráficos das deformações e das forças imprimidas discutindo detalhadamente suas propriedades.

2. Introdução Gráfica

Os mais variados fenômenos físicos são descritos graficamente, e a elasticidade não constitui uma exceção.

Analisando exclusivamente os fenômenos elásticos, passo afirmar que existem grandezas dinamoscópicas que se relacionam e variam segundo determinadas funções. E no caso particular de uma deformação elástica (L), esta varia em função da intensidade de força F imprimida em um corpo dinamocópico. A forma mais simples que vou procurar indicar essa função no presente livro é através da seguinte expressão analítica L = f (F). E a apresentação para a função L = f (F) implica na construção de um gráfico, que relaciona as variáveis (L) e intensidade de força (F).

Toda e qualquer construção gráfica realizada com duas variáveis, são feitas no chamado "plano cartesiano", que engrega um ramo da matemática denominado por "geometria analítica".

O plano cartesiano é o plano constituído por dois eixos (X) e (Y) perpendiculares entre si, que se interceptam em um ponto origem. A um ponto qualquer, associa-se um par de ordenadas (X, Y) de números reais, denominado por coordenadas do ponto (p). A coordenada (X) é a chamada ordenada do ponto (p) e a coordenada (Y) é a chamada ordenada do ponto (p).

Em elasticidade as coordenadas (X) e (Y) são diretamente substituídas pelas variáveis do fenômeno físico em estudo.

3. Classificação Algébrica da Deformação Linear

A única distinção entre a deformação por compressão e a deformação por tração é que esta última é sempre positiva enquanto que a primeira é negativa, pois é a diferença existente entre a deformação total resultante (L) e o comprimento inicial (L_0) do corpo dinamoscópico; como (L < L_0) então, conclui-se que a deformação por compressão em particular é negativo. Entretanto, um corpo dinamoscópico pode ser submetido de um momento para o outro a diversos tipos de deformação. Nesse caso em uma dada ocasião a variação da deformação do corpo dinamoscópico ($\Delta L = L - L_0$) pode ser positiva, se (L > L_0), portanto, especialmente nesse caso a deformação linear resultante é denominada por tração; quando (L < L_0) a deformação resultante é negativa, e nesse caso ela é denominada de deformação por compressão; eventualmente a deformação pode ser nula, quando o corpo dinamoscópico retorna o seu estado inicial (L = L_0). O sinal da variação da deformação (ΔL) determina o sinal da intensidade elástica que o corpo dinamoscópico apresenta.

Dessa maneira conclui-se logicamente que:

a) Uma intensidade elástica positiva (i > 0) indica que o comprimento do corpo dinamoscópico cresce algebricamente no decorrer do processamento da deformação que também será expressa por um valor maior do que zero (ΔL > 0). Nessas condições a deformação linear é denominada de "deformação por tração".

b) Quando a intensidade elástica é negativa (i < 0) ela simplesmente indica que o comprimento docorpo dinamoscópico decresce algebricamente no decorrer do processamento da deformação que também será expressa por um valor menor do que zero (ΔL < 0). Então a referida deformação linear é denominada de "deformação por compressão".

Dessas duas conclusões decorre que o sinal atribuído à intensidade elástica indica o tipo de deformação linear.

4. Gráficos da Deformação por Tração e Compressão

Torno a repetir que os mais distintos fenômenos físicos podem ser descritos graficamente, que em elasticidade constitui a deformação analítica.

A deformação analítica somente tornou-se possível, porque os fenômenos físicos elásticos apresentam grandezas que se relacionam e variam segundo determinadas funções. No caso particular da elasticidade, a variação da deformção (ΔL) de um corpo dinamoscópico perfeitamente elástico varia em função da intensidade de força (ΔF) imprimida no referido corpo. Uma forma simples para indicar essa função é a tabela; outra forma é procurar a expressão analítica $\Delta L = f (F)$. Outra apresentação para a função $\Delta L = f (F)$ é a construção de um gráfico, que relaciona as variáveis (ΔL) e força (ΔF).

No caso das deformações lineares por tração, e por compressão, a função da deformação perfeitamente elástica é dada por:

$$L = L_0 \pm i \cdot \Delta F$$

$$i \neq 0$$

A função do comprimento docorpo dinamoscópico é uma função do primeiro grau em (ΔF). Graficamente é uma reta inclinada em relação ao eixo das intensidades de forças. A função pode ser crescente quando a intensidade elástica for positiva; ou seja, maior do que zero ($i > 0$). Então, no caso descrito a referida função apresenta a seguinte curva:

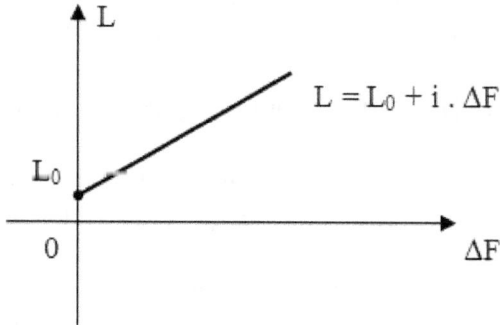

O comprimento inicial (L_0) do corpo dinamoscópico, corresponde à ordenada do ponto onde a reta corta o eixo (L). Nesse caso tem-se uma deformação por tração.

A função pode ainda ser decrescente quando a intensidade elástica for negativa; ou seja, menor do que zero ($i < 0$). Então, nesse caso, a função apresenta a seguinte curva:

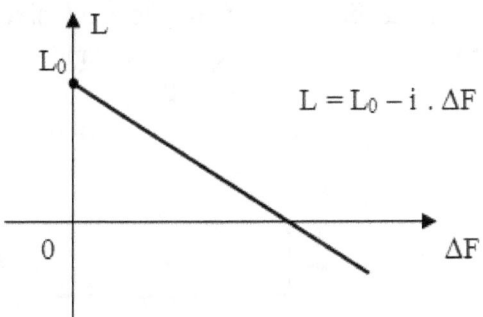

A deformação inicial (L_0) do corpo dinamoscópico corresponde à ordenada do ponto onde a reta corta o eixo (L). Nesse caso tem-se uma deformação por compressão. Observe agora o seguinte gráfico:

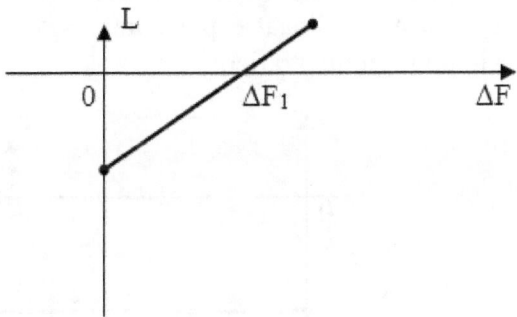

Na intensidade de força (ΔF_1) a deformação é nula, nesse caso ocorre uma mudança do tipo de deformação.

5. Gráficos da Intensidade Elástica na Deformação Linear

A intensidade elástica do corpo dinamoscópico é uma função constante:

$$i = cte$$

Graficamente é uma reta paralela ao eixo das forças (ΔF). Essa reta é acima do eixo (ΔF) quando a intensidade elástica for maior do que zero (i > 0); portanto, nesse caso a deformação linear é por tração. E o gráfico resultante é o seguinte:

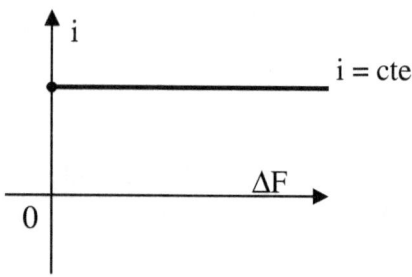

A reta encontra-se abaixo do eixo das forças (ΔF), sempre que a intensidade elástica for menor que zero (i < 0), nesse caso a deformação linear é por compressão. De acordo com o indicado no seguinte gráfico:

6. Coeficiente Angular da Reta

Na função do primeiro grau (L = L₀ + i . ΔF), o número real (i) é denominado por coeficiente angular ou declive da reta representada no plano cartesiano. O coeficiente angular (i) está então associado ao ângulo (θ) da direção da reta com o eixo das forças (ΔF), como o que indico no seguinte gráfico:

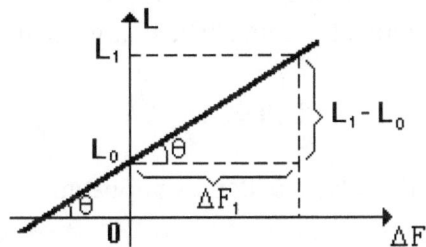

Sejam (L_1) e (ΔF_1) valores particulares correspondentes. Em ($L = L_0 + i \cdot \Delta F$):

$$L_1 = L_0 + i \cdot \Delta F_1$$

$$L_1 - L_0 = i \cdot \Delta F_1$$

Ou então:

$$i = (L_1 - L_0)/\Delta F_1$$

A razão ($L_1 - L_0$)/ΔF_1 é a medida da tangente trigonométrica do ângulo (θ); pois no seguinte triângulo (A, B, e C) a tangente trigonométrica do ângulo (θ) é a seguinte razão:

$$Tg\theta = \text{(cateto oposto } \theta)/\text{(cateto adjacente } \theta)$$

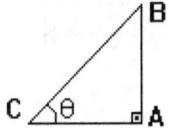

Se $\overline{AB}$ é o valor algébrico do cateto oposto a (θ) e $\overline{CA}$ é a media do cateto adjacente a (θ), a tangente de (θ) é:

$$Tg\theta = \overline{AB} / \overline{CA}$$

As propriedades resultantes implicam:

a) $0 < \theta < 90°$ isto implica que $Tg\theta > 0$

b) $90° < \theta < 180°$ isto implica que $Tg\theta < 0$

c) $\theta + B = 180°$ isto implica que $Tg\theta = - Tg\ B$

Então se pretende representar graficamente os diversos comprimentos assumidos por um corpo dinamoscópico qualquer. Tal comprimento tem como equação (L = L$_0$ + i . ΔF); esta apresenta a forma de uma equação do primeiro grau ou equação linear, do tipo (Y = a + b . x), que apresenta como gráfico uma reta. Adotarei então os eixos cartesianos (X) e (Y), tomando em seus lugares, respectivamente, (ΔF) e (L).

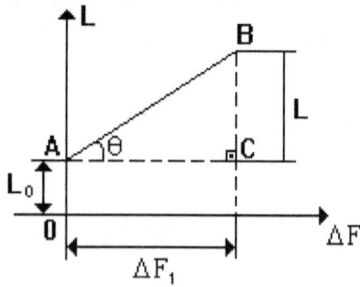

Considerando o triângulo retângulo (ABC), tem-se:

$$Tg\theta = \overline{BC} / \overline{AC} \underset{=}{N} (L - L_0)/\Delta F_1 = i$$

Portanto resulta que:

$$Tg\theta \underset{=}{N} i$$

Logo resulta que a tangente trigonométrica do ângulo, definida entre a reta dos comprimentos e o eixo das intensidades de força, fornece numericamente a intensidade elástica do corpo dinamoscópico.

Então aplicando as propriedades trigonométricas, pode-se concluir:

a) $0 < \theta < 90°$ isto implica que $i > 0$, portanto a deformação linear resultante é por tração;

b) $90° < \theta < 180°$ isto implica que $i < 0$, portanto a deformação linear resultante é por compressão.

Se a função $(L = L_0 + i \cdot \Delta F)$ é crescente, como o indicado nas seguintes figuras:

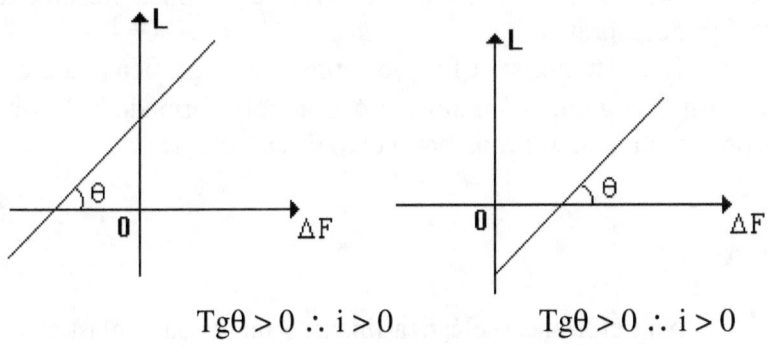

$$Tg\theta > 0 \therefore i > 0 \qquad Tg\theta > 0 \therefore i > 0$$

Então, nesse caso a intensidade elástica (i) do corpo dinamoscópico é sempre positiva e consequentemente a tangente do ângulo também será positivo. Portanto a deformação será por tração.

Quando a função $(L = L_0 - i \cdot \Delta F)$ é decrescente como o indicado nas seguintes figuras:

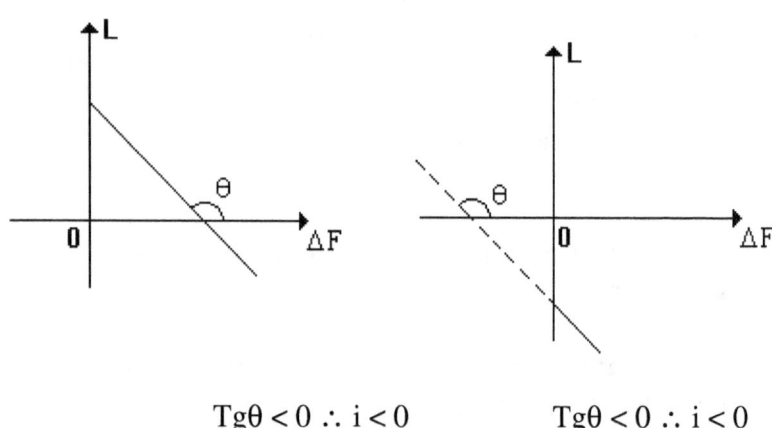

$$Tg\theta < 0 \therefore i < 0 \qquad Tg\theta < 0 \therefore i < 0$$

A intensidade elástica do corpo dinamoscópico então será negativa em consequência a tangente do ângulo também deverá ser negativa. Portanto, a deformação linear resultante será por compressão.

Em resumo, se a função representada graficamente é a do primeiro grau, o ângulo (θ) é o ângulo formado pela reta representativa da função com o eixo das abscissas.

7. Áreas

Na deformação elástica linear, a intensidade elástica do corpo dinamoscópico é uma função constante com a intensidade de força imprimida no referido corpo, como o indicado no seguinte gráfico:

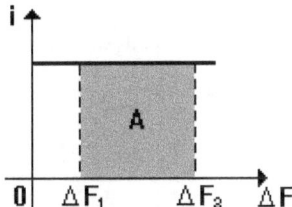

Nessa figura, o número que mede a área (A) é igual ao número que mede a deformação (ΔL) que resulta de um corpo dinamoscópico perfeitamente elástico na intensidade de força compreendida no intervalo (ΔF_1) a (ΔF_2).

Tenho denominado por "diagrama das intensidades elásticas" o gráfico que representa a intensidade elástica do corpo dinamoscópico em cada intensidade de força. Como essa intensidade elástica se mantém constante durante todo o processamento da deformação, o gráfico representativo será evidentemente dado por uma reta paralela ao eixo das intensidades de forças imprimidas.

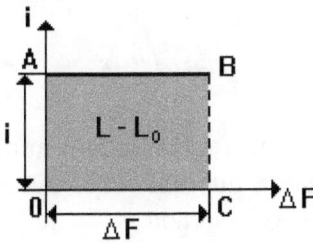

Observe então o retângulo definido pelos pontos (O, A, B e C). Sabe-se pela geometria plana que a área de um retângulo é igual à base multiplicada pela altura do mesmo. Portanto:

$$\text{Área} = (\overline{OC}) \cdot (\overline{BC}) \equiv \Delta F \cdot i = i \cdot \Delta F$$

Relembrando que a equação da deformação linear é a seguinte:

$$L = L_0 + i \cdot \Delta F$$

Isto implica que:

$$L - L_0 = i \cdot \Delta F$$

Isto permite concluir que a área do retângulo fornece numericamente a variação da deformação de um corpo dinamoscópico perfeitamente elástico.

Essa propriedade é válida em qualquer tipo de deformação elástica. Na última figura, no diagrama da intensidade elástica em função da intensidade de força imprimida no corpo dinamoscópico, a área (A) da região delimitada pela curva e o eixo das abscissas é numericamente igual à deformação que resulta do corpo dinamoscópico nessa intensidade de força.

Essa relação é expressa simbolicamente por:

$$\Delta L \underset{=}{N} A$$

Ou melhor, a área sombreada é numericamente igual à variação de deformação que um corpo dinamoscópico sofre na intensidade de força considerada.

Assim, por conclusão, sempre que se desejar obter a deformação resultante em um corpo dinamoscópico bastará simplesmente calcular a área do retângulo, cuja base representa o intervalo da intensidade de força considerada e cuja altura A representa a intensidade elástica do corpo dinamoscópico considerado.

CAPÍTULO IX
Termoelástica

1. Introdução

A parte da elasticdade que estuda a relação existente entre a dilatação e a deformação é denominada por "termoelástica". A palavra termoelástica origina-se da fusão entre os termos: "termo" (temperatura) e "elástica" (elástico). Essa designação de certo modo, abrange todos os corpos existentes na natureza.

Em elasticidade, define-se força como o agente físico responsável pela deformação de um corpo dinamoscópico. E em termologia, define-se temperatura como o agente físico responsável pela dilatação dos corpos.

A combinação desses dois fenômenos são os responsáveis por inúmeros efeitos termoelásticos como, por exemplo, as deformações térmicas.

2. Dilatação e Deformação

Na natureza qualquer corpo sofre um aumento em suas dimensões ao ser submetido a uma variação de temperatura.

Por outro lado, qualquer corpo sofre uma variação em suas dimensões ao ser submetido a uma intensidade de força.

Com fundamento nos referidos fenômenos procurei desenvolver a termoelástica em função dessas duas grandezas. Mostrando o caminho que deve seguir seu desdobramento.

3. Lei da Dilatação Linear

Considere uma barra de um determinado material que, a uma temperatura inicial (T_0) apresenta um comprimento inicial (L_0).

Suponha-se que a referida barra seja submetida a uma temperatura qualquer, diferente da temperatura inicial ($T \neq T_0$), na qual seu comprimento seja (L).

Comprova-se então, experimentalmente que a variação do comprimento da barra ($\Delta L = L - L_0$) é diretamente proporcional tanto ao comprimento inicial da mesma quanto à sua variação de temperatura.

Simbolicamente, o referido enunciado é expresso por:

$$\Delta L = \alpha . L_0 . \Delta T$$

4. Deformações Térmicas

Caso as extremidades de um corpo dinamoscópico perfeitamente elástico sejam afixadas a referenciais inerciais de maneira rígida, de modo a evitar qualquer dilatação ou contração quando a temperatura sofre uma variação, então o corpo dinamoscópico considerado fica sujeito a uma deformação linear; ou seja, a deformações por tração ou por compressão chamadas no caso por "deformações térmicas". As referidas deformações podem tornar-se muito grandes, de modo a submeter o corpo dinamoscópico além de sue limite elástico ou até mesmo além de seu ponto de ruptura. Desta maneira, no porjeto de qualquer estrutura sujeita a mudanças de temperatura deve ser tomado certas medidas que permitam a dilatação ocorrer de maneira natural. Desse modo, numa canalização longa de vapor de líquidos a altas temperaturas isso é conseguido usando juntas de expansão ou um trecho de cano em forma de espiral. Numa ponte uma das extremidades se apoia numa rótula e a outra sobre rodetes. Dessa maneira as pontes e viadutos que parecem perfeitamente fixos em suas bases, no entanto tem, necessariamente, uma das extremidades apoiadas sobre rolos metálicos que permitem a livre dilatação da ponte. Sem esse artifício, as pontes ou as bases seriam danificadas com o efeito da dilatação.

Caso os trilhos das ferrovias não fossem assentados com uma separação relativamente grande entre as extremidades de um ao outro, a dilatação nos dias de muito calor faria com que se deformassem o que evidentemente provocaria o descarrilamente dos trens.

É extremamente comum encontrar peças que apresentam rachadura com o aumento de tempratura, o referido fenômeno é muito banal com corpos de vidro grosso.

Os fenômenos que acabo de descrever são causados pelas denominadas "deformações térmicas".

5. Lei das Deformações Térmicas

É relativamente elementar o cálculo da deformação térmica que se desenvolve em um corpo dinamoscópico que não pode dilatar ou contrair livremente. Supondo que um corpo dinamoscópico perfeitamente elástico submetido a uma temperatura (T) que apresenta suas extremidades rigidamente engatadas a referenciais absolutamente inerciais um relativamente ao outro e em seguida reduzindo a temperatura a um valor menor. A dilatação que o corpo sofreria se pudesse contrair-se livremente seria dada pela seguinte lei:

"A variação de dilatação de um corpo é diretamente proporcional ao seu comprimento inicial multiplicado pela variação de temperatura a que é submetido".

O referido enunciado é expresso simbolicamente por:

$$\Delta L = \alpha \cdot L_0 \cdot \Delta T$$

Portanto conclui-se que:

$$\Delta L / L_0 = Y \cdot \Delta T$$

Como o corpo dinamoscópico não pode contrair-se livremente, a variação da deformação deve aumentar de uma quantidade suficiente para a mesma dilatação. Pela definição da lei geral da deformação linear, tem-se:

$$\Delta L = \eta \cdot \Delta F \cdot L_0/A$$

Portanto conclui-se que:

$$\Delta L/L_0 = \eta \cdot \Delta F/A$$

Igualando convenientemente as expressões deduzidas, resulta que:

$$Y \cdot \Delta T = \eta \cdot \Delta F/A$$

Portanto, conclui-se que:

$$\Delta F = Y \cdot A \cdot \Delta T/\eta$$

Onde o termo (η) é uma constante denominada por "característica dinamoscópica" e o termo (Y) é outra constante denominada por "coeficiente de dilatação linear". Como a razão entre duas constantes resulta numa constante. Então, conclui-se que:

$$\Delta F = \alpha \cdot A \cdot \Delta T$$

A referida expressão é a fórmula que indica a intensidade de força que um corpo dinamoscópico perfeitamente elástico está sujeito numa deformação térmica. Portanto, a lei da deformação térmica é enunciada nos seguintes termos:

"Numa deformação térmica a intensidade de força resultante é diretamente proporcional à área da secção transversal multiplicada pela variação de temperatura a qual o corpo dinamoscópico é submetido".

6. Equação das Deformações Térmicas

Outra expressão para verificar a lei das deformações térmicas é obtida substituindo a variação da intensidade de força resultante (ΔF) por ($F - F_0$) sendo que a letra (F) representa a intensidade total de força enquanto que a letra (F_0) representa a força inicial, considerada no corpo dinamoscópico numa deformação térmica.

$$\Delta F = \alpha \,.\, A \,.\, \Delta T$$

Porém, como

$$\Delta F = F - F_0$$

Resulta que:

$$F - F_0 = \alpha \,.\, A \,.\, \Delta T$$

Isto implica que:

$$F = F_0 + \alpha \,.\, A \,.\, \Delta T$$

Essa é a expressão que permite obter a nova intensidade de força resultante de uma deformação térmica, a um dado valor de temperatura.

7. Gráfico das Deformações Térmicas

Retornando-se a equação da deformação térmica: ($F = F_0 + \alpha \,.\, A \,.\, \Delta T$) e levando-se em conta que (α) é admitido constante, a representação cartesiana da intensidade de força resultante (F) em função da temperatura (T) toma o aspecto de uma reta. De acordo com o seguinte esquema:

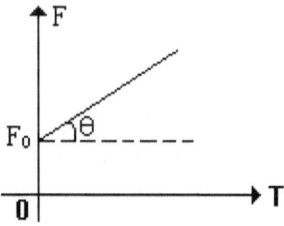

Analisando o ângulo (θ), verifica-se que:

$$\textbf{Tg}\theta \underset{=}{N} \alpha \cdot A$$

Ou seja, a tangente do ângulo é numericamente igual ao produto da constante de deformação térmica pela área da secção transversal.

8. Unidades da Constante de Deformação Térmica

As unidades da constante de deformação térmica são tiradas da própria fórmula de definição da grandeza. Como no caso da constante de deformação térmica sabe-se que é uma relação entra a intensidade de força e a área da secção transversal multiplicada pela variação de temperatura. Tal relação é expressa por:

$$\alpha = \Delta F/A \cdot \Delta T$$

As unidades de constante de deformação térmica são extraídas da referida fórmula. Simbolicamente, pode-se escrever:

$$U(\alpha) = U(F)/U(A) \cdot U(T)$$

Na referida expressão, deve-se ler: a unidade de constante de deformação térmica é igual à unidade de força dividida por unidade de área multiplicada pela unidade de temperatura.

Para unidades de forças, tem-se o Newton, a dina e outras. Para unidades de área, tem-se o centímetro quadrado, o metro quadrado e outras. Para a temperatura tem-se o grau centígrado, o grau Kelvin etc. Então, para unidades de constante de deformação térmica, tem-se o Newton por metro quadrado vezes o grau Kelvin; que simbolicamente é expresso por:

$$U(\alpha) = N/m^2 \cdot {}^oK$$

Para outra unidade de constante de deformação térmica, tem-se a dina por centímetro quadrado vezes o grau Kelvin, que simbolicamente é expresso por:

$$U(\alpha) = d/cm^2 \cdot {}^oK$$

E dessa maneira é possível deduzir uma série de unidades para a constante de deformação térmica.

9. Generalização da Lei das Deformações Térmicas

Como a área da secção transversal de um corpo dinamoscópico permanece constante no corpo considerado, e de certa forma pode ser particularmente considerada invariável nas deformações resultantes; então, conclui-se que numa deformação térmica a variação da intensidade de força resultante é diretamente proporcional à variação de temperatura a que se encontra submetido.

Simbolicamente, o referido enunciado é expresso por:

$$\Delta F = K \cdot \Delta T$$

Esta é a expressão matemática que traduz a denominada lei generalizada das deformações térmicas.

Devo chamar a atenção para mostrar que a proporcionalidade registrada entre a variação de temperatura submetida ao corpo dinamoscópico e a intensidade de força resultante das deformações térmicas é válida até um determinado limite, o qual foi denominado no presente livro por "limite de proporcionalidade". Isso simplesmente significa que existe um valor li8mite para a temperatura submetida ao corpo, acima ou abaixo do qual a relação ($\Delta F = K \cdot \Delta T$) deixa de ser válida.

Dessa maneira a referida lei é válida para os limites das deformações perfeitamente elásticas.

10. Intensidade Média de Força por Átomo

Considerando o mol de uma dada substância numa deformação térmica, ó possível calcular a intensidade média de força exercida pelos átomos da substância considerada a uma dada temperatura.

Pois os fenômenos da dilatação térmica dos corpos sólidos são perfeitamente explicados pela teoria atômica. Em um sólido, como por exemplo, um cubo de ferro, os átomos estão extremamentes próximos uns dos outros, numa vibração contínua que, a uma temperatura baixa, apresenta amplitude pequena. O fornecimento de calor leva-os a vibrar com uma maior amplitude e, assim afastam-se umas das outras. E o corpo considerado sofre então uma dilatação. Porém, como o referido corpo encontra-se submetido a uma deformação térmica, então, conclui-se que em vez de sofrer uma dilatação, sofre na realidade uma deformação elástica associada a uma variação de temperatura. Portanto, a intensidade de força elástica resultante na deformação térmica origina-se diretamente das intensidades de forças exercidas pelas moléculas do referido corpo. Logo é possível estabelecer uma lei que permite calcular a intensidade média de força por átomo.

Sendo que a letra (N) representa o número de átomos que constituem o corpo e a letra (F_e) representa a intensidade de força elástica do corpo dinamoscópico numa deformação térmica.

Logo, conclui-se que a intensidade média de força por átomo (f_m) é igual ao quociente da intensidade de força elástica, inversa pelo número de átomos que participam do fenômeno da deformação térmica.

Simbolicamente, o referido enunciado é expresso por:

$$f_m = F_e/N$$

De certa maneira a referida expressão representa uma lei generalizada para o calculo de qualquer intensidade média de força exercida pelos átomos em sua vibração.

Então, vou procurar particularizar a referida lei, submetendo-a aos conceitos das deformações térmicas estabelecida nos itens anteriores.

Sabe-se que o número de átomos de um corpo é igual ao produto entre o número de Avogadro pelo mol da substância considerada.

Portanto, simbolicamente, o referido enunciado é expresso por:

$$N = \eta \cdot N_A$$

Onde a letra (N_A) representa o número de Avogadro. Logo, substituindo o referido enunciado na última expressão, resulta que:

$$f_m = F_e/\eta \cdot N_A$$

Porém pela lei das deformações térmicas sabe-se que a intensidade de força elástica é diretamente proporcional à área da secção transversal multiplicado pela variação de temperatura.

O referido enunciado é expresso simbolicamente por:

$$F_e = \alpha . A . \Delta T$$

Que substituindo convenientemente na última expressão, resulta que:

$$f_m = \alpha . A . \Delta T/\eta . N_A$$

Porém, o quociente da constante de deformação térmica (α) inversa pelo número de Avogadro, tem como resultado uma constante de caráter genérico; pois é o resultado da razão entre duas constantes, portanto pode-se concluir que:

$$f_m = K . A . \Delta T/\eta$$

Portanto, a intensidade média de força exercida por cada atômo, é proporcional à área da secção transversal multiplicada pela temperatura absoluta e inversamente proporcional ao número de moles da substância considerada numa deformação térmica.

Nas deformações térmicas a constante (K) depende apenas do material considerado. Assim, substâncias diferentes à mesma temperatura apresentam distintas intensidades médias de força por átomo em sua estrutura cristalina. E quanto maior for a temperatura, maior será a intensidade média de força exercida pelos átomos de um sólido.

A constante de proporção é uma das inúmeras constantes de Leandro e geralmente recebe como símbolo a letra (p).

11. Unidade da Constante de Leandro

Na deformação térmica, a constante de Leandro é comumentemente apresentada como sendo a unidade de força (no caso seria o Newton) vezes o número de moles (mol) por unidade de área (metro quadrado) vezes o grua Kelvin.

Simbolicamente, o referido enunciado é expresso por:

$$U(p) = N . mol/m^2 . {}^oK$$

Outra unidade é expresa em graus Kelvin (K) por Leandro (ε) vezes o metro (m) vezes o mol.

$$U(p) = {}^oK/\varepsilon . m . mol$$

12. Tabela de Constante de Leandro de Alguns Elementos

Passo a apresentar agora os valores médios aproximados da constante de Leandro para alguns elementos que de certa forma pareceu-me muito acessível.

Para o elemento chumbo encontrei o valor da constante de Leandro, com o seguinte módulo:

$$p_{pb} = 7,139 . 10^{-19} \ {}^oK/\varepsilon . m . mol$$

Para o alumínio, encontrei o valor da constante de Leandro, com o seguinte módulo:

$$p_{al} = 25,72 . 10^{-19} \ {}^oK/\varepsilon . m . mol$$

Para a prata, encontrei o valor da constante de Leandro, com o seguinte módulo:

$$p = 23,02 . 10^{-19} \ {}^oK/\varepsilon . m . mol$$

Para o ferro, encontrei o valor da constante de Leandro, com o seguinte módulo:

$$P_F = 38,31 \cdot 10^{-19} \text{ °K/}\varepsilon \cdot m \cdot mol$$

Os exemplos expostos mostram claramente que a constante de Leandro varia com o material ou substância considerada numa deformação térmica. Isto simplesmente significa que os átomos de diferentes substâncias exercem forças diferentes e, portanto a amplitude de seu vibramento também é distinta.

Em casos teóricos a dedução da constante de Leandro é igual ao quociente do coeficiente de dilatação linear inversa pela característica dinamoscópica multiplicada pelo número de Avogadro.

Simbolicamente, o referido enunciado é expresso por:

$$p = Y/\eta \cdot N_A$$

De acordo com a referida lei, torna-se possível deduzir a constante de Leandro em função do conhecimento dos valores das outras constantes estabelecidas separadamente nas tabelas de literatura física.

CAPÍTULO X
Deformação e Dilatação

1. Introdução

Nos problemas que vão se seguir, vou procurar abordar a variação do comprimento de qualquer corpo em função do efeito da força e da temperatura, procurando desprezar integralmente qualquer fenômeno relacionado com as deformações térmicas.

Quando um dado corpo dinamoscópico é submetido a uma temperatura qualquer ele passa a sofrer uma dilatação.

Sabe-se que em um dado corpo, a variação da dilatação é igual à dilatabilidade do material considerado multiplicado pela variação de temperatura a que é submetido.

Simbolicamente, o referido enunciado é expresso por:

$$\Delta d = d \cdot \Delta T$$

Onde a letra (d) representa uma constante de proporcionalidade que depende de uma série de fatores e denominada por dilatabilidade.

No presente livro, verificou-se que a variação da deformação de um corpo dinamoscópico submetido à ação de uma intensidade de força é igual à intensidade elástica multiplicada pela variação da intensidade de força.

O referido enunciado é expresso simbolicamente por:

$$\Delta L = i \cdot \Delta F$$

A referida equação traduz uma das leis de Leandro. Onde a letra (i) representa uma constante de proporção denominada por intensidade elástica e mede a própria elasticidade do corpo dinamoscópico considerado.

Portanto quando um corpo dinamoscópico sólido encontra-se submetido simultaneamente a uma intensidade de força e a uma temperatura, conclui-se que o referido corpo passará a sofrer uma deformação e uma dilatação. "Logo a variação do comprimento desse corpo é igual à soma entre a variação da deformação com a variação da dilatação".

Simbolicamente, o referido enunciado é expresso por:

$$\Delta l = \Delta L + \Delta d$$

Substituindo convenientemente a referida conclusão com as duas primeiras leis a pouco enunciadas, resulta que:

$$\Delta l = i \cdot \Delta F + d \cdot \Delta T$$

Porém, sabe-se que a intensidade elástica é uma função da temperatura. De acordo com a quarta lei de Leandro, verificou-se que a intensidade elástica é igual à intensidade elástica inicial, multiplicada pelo índice um adicionado com a intensidade elástica inicial multiplicada por uma constante de proporção e que por sua vez é multiplicada pela variação de temperatura.

O referido enunciado é expresso simbolicamente por:

$$i = i_0 \cdot (1 + \alpha \cdot \Delta T)$$

Portanto, substituindo convenientemente a referida lei com a última, resulta que:

$$\Delta l = i_0 \cdot (1 + \alpha \cdot \Delta T) \cdot \Delta F + d \cdot \Delta T$$

Colocando o termo da temperatura em evidência, resulta que:

$$\Delta l = i_0 . \Delta T . [(1/\Delta T) + (d/i_0) + (\alpha . \Delta F)]$$

A referida expressão traduz a variação do comprimento de um corpo sólido, quando o mesmo é submetido simultaneamente a uma intensidade de força e a uma variação qualquer de temperatura.

2. Lei de Leandro

Pelo índice anterior do presente capítulo, verificou-se que a variação do comprimento de um corpo sólido em função da intensidade de força que lhe é aplicada e da temperatura a que é submetida é igual à intensidade elástica do material considerado, multiplicado pela intensidade de força imprimida adicionada com a dilatabilidade do material multiplicada pela variação de temperatura a que é submetido.

Simbolicamente, o referido enunciado é expresso por:

$$\Delta l = i_0 . \Delta F + d . \Delta T$$

Porém, verificou-se experimentalmente que a intensidade elástica do material dinamoscópico considerado, varia com a temperatura.

Pela quarta lei de Leandro, sabe-se que a intensidade elástica é enunciada nos seguintes termos:

"A intensidade elástica é igual à característica dinamoscópica inicial multiplicada pelo índice um que por sua vez é adicionada pela característica dinamoscópica inicial multiplicada por uma constante de proporção em produto com a variação da temperatura, estes por sua vez é multiplicado pelo quociente do comprimento inicial do corpo e inverso pela área da secção transversal do mesmo".

O referido enunciado é expresso simbolicamente por:

$$i = \eta_0 . (1 + \alpha . \Delta T) . L_0/A$$

Substituindo convenientemente o referido enunciado na última fórmula, resulta que:

$$\Delta l = \eta_0 . (1 + \alpha . \Delta T) . (L_0/A) . \Delta F + d . \Delta T$$

Igualando convenientemente a temperatura, resulta que:

$$\Delta l = \eta_0 . \Delta T . [(1/\Delta T) + (d/\eta_0) + (\alpha . L_0 . \Delta F/A)]$$

Assim fica exposta mais uma lei que permite expressar o comprimento de um corpo dinamoscópico em função de outras variáveis.

3. Lei de Leandro

Na termologia, genericamente a variação da dilatação de um corpo sólido é diretamente proporcional ao comprimento inicial desse corpo multiplicado pela variação de temperatura a que é submetido.

Simbolicamente, o referido enunciado é expresso por:

$$\Delta d = K . L_0 . \Delta T$$

Onde a letra (K) representa uma constante de proporcionalidade que depende apenas do material considerado, no estado ordinário.

No presente livro, verificou-se que a variação de deformação de um corpo dinamoscópico qualquer é diretamente proporcional ao comprimento inicial do mesmo multiplicado pela variação de intensidade de força que lhe é impresso.

Simbolicamente, o referido enunciado é expresso por:

$$\Delta L = h . L_0 . \Delta F$$

Sabe-se que a variação do comprimento de um corpo qualquer em função da variação da temperatura e da variação da intensidade de força é igual à soma entre a variação da deformação do corpo com a variação da dilatação do mesmo. Simbolicamente, o referido enunciado é expresso por:

$$\Delta l = \Delta L + \Delta d$$

Substituindo convenientemente a referida lei nas duas últimas, resulta que:

$$\Delta l = h . L_0 . \Delta F + K . L_0 . \Delta T$$

Supondo-se que o comprimento inicial do corpo tenha sido considerado antes de ter sido submetido a qualquer variação de temperatura ou então imprimido por uma intensidade de força. Portanto, conclui-se que o comprimento inicial medido é o mesmo. Logo, colocando-o em evidência, resulta que:

$$\Delta l = L_0 . (h . \Delta F + K . \Delta T)$$

Porém, como o coeficiente de deformação linear é uma função da temperatura, torna-se então possível demonstrar que o referido coeficiente é igual ao coeficiente de deformação linear inicial multiplicado pelo índice um que por sua vez é adicionado pelo produto do coeficiente de deformação inicial por uma constante de proporção em produto com a variação da temperatura. Simbolicamente, o referido enunciado é expresso por:

$$h = h_0 . (1 + \alpha . \Delta T)$$

Substituindo convenientemente a referida expressão na última, resulta que:

$$\Delta l = L_0 . [h_0 . (1 + \alpha . \Delta T) . \Delta F + K . \Delta T]$$

Colocando-se o termo temperatura em evidência, resulta que:

$$\Delta l = L_0 . \{h_0 . \Delta T . [(1/\Delta T) + (\alpha . \Delta F) + (K/h_0)]\}$$

Esta é a expressão que traduz a variação do comprimento de um corpo qualquer em função da lei da deformação linear da lei da dilatação linear.

4. Lei de Leandro

Pela termologia sabe-se que a variação da dilatação de um corpo sólido qualquer é diretamente proporcional ao seu comprimento inicial multiplicado pela variação de temperatura a que se encontra submetido.

O referido enunciado é expresso simbolicamente por:

$$\Delta d = K . L_0 . \Delta T$$

Pela teoria elástica proposta no presente livrolivro, verificou-se que a variação de deformação e proporcional ao comprimento inicial do corpo dinamoscópico considerado multiplicado pela intensidade de força imprimida e inversamente proporcional à área da secção transversal do referido corpo.

Simbolicamente, o referido enunciado é expresso por:

$$\Delta L = \eta . L_0 . \Delta F/A$$

Portanto, a variação do comprimento de um corpo qualquer em função da temperatura e da intensidade de força imprimida é igual à soma entre a variação da deformação do corpo com a variação da dilatação do mesmo.

O referido enunciado é expresso simbolicamente por:

$$\Delta l = \Delta L + \Delta d$$

Substituindo convenientemente a presente lei nas duas últimas enunciadas há poucos instantes, resulta que:

$$\Delta l = (\eta \cdot L_0 \cdot \Delta F/A) + (K \cdot L_0 \cdot \Delta T)$$

Supondo-se que o comprimento inicial do corpo tenha sido considerado antes de ter sido submetido a qualquer variação de temperatura ou imprimido por uma intensidade de força. Então, conclui-se que o comprimento inicial considerado em ambos os casos é o mesmo. Logo colocando em evidência na última expressão, resulta que:

$$\Delta l = L_0 \cdot [(\eta \cdot \Delta F/A) + (K \cdot \Delta T)]$$

A referida equação traduz de certa forma a referida lei de Leandro. Porém, verificou-se que a característica dinamoscópica é função da temperatura. Pois pela quarta lei de Leandro verificou-se que a característica dinamoscópica é igual à característica dinamoscópica inicial multiplicada pelo índice um que por sua vez é adicionado pela característica dinamoscópica inicial multiplicada por uma constante de proporção em produto com a variação de temperatura.

Simbolicamente, o referido enunciado é expresso por:

$$\eta = \eta_0 \cdot (1 + \alpha \cdot \Delta T)$$

Que substituindo convenientemente na última expressão, resulta que:

$$\Delta l = L_0 \cdot [\eta_0 \cdot (1 + \alpha \cdot \Delta T) \cdot (\Delta F/A) + (K \cdot \Delta T)]$$

Isolando o termo temperatura, resulta que:

$$\Delta l = L_0 \cdot \{\eta_0 \cdot \Delta T \cdot [(1/\Delta T) + (K/\eta_0) + (\alpha \cdot \Delta F/A)]\}$$

Naturalmente, a presente lei é muito mais geral do que qualquer outra já apresentada no capítulo da termoelástica; pois, fundamenta-se em leis gerais de termologia e de elasticidade.

5. Lei de Leandro Para as Deformações Superficiais

A termologia permite verificar que a variação da dilatação superficial é diretamente proporcional à área inicial da superfície considerada multiplicada pela variação de temperatura que se encontra submetida.

O referido enunciado é expresso simbolicamente por:

$$\Delta a - \beta \cdot A_0 \cdot \Delta T$$

Onde a letra grega (β), representa uma constante de proporção que depende do material de que é constituída a superfície elástica. E em caráter absoluto chega a ser uma função da temperatura; o que é desprezível no presente capítulo.

Pela teoria elástica fundamentada no presente livrolivro, verificou-se que a variação da área de uma superfície elástica é proporcional à área inicial da referida superfície multiplicada pelo produto das intensidades de forças resultantes perpendicularmente.

Simbolicamente, o referido enunciado é expresso por:

$$\Delta A = H \cdot A_0 \cdot \Delta F_{R1} \cdot \Delta F_{R2}$$

Então, conclui-se que a variação da área da superfície considerada em função da temperatura e da intensidade de força resultante e igual à variação da dilatação da área adicionada com a variação da deformação da área. O referido enunciado é expresso simbolicamente por:

$$\Delta S = \Delta a + \Delta A$$

Substituindo convenientemente a referida lei com as duas anteriores, conclui-se que:

$$\Delta S = \beta . A_0 . \Delta T + H . A_0 . \Delta F_{R1} . \Delta F_{R2}$$

Supondo-se que a área inicial do corpo seja medida antes de ser submetido a uma variação de temperatura ou de ser submetido à ação de uma intensidade de força. Então, conclui-se que a área inicial considerada em ambos os casos é a mesma. Portanto, colocando-a em evidência na última expressão, resulta que:

$$\Delta S = A_0 . (\beta . \Delta T + H . \Delta F_{R1} . \Delta F_{R2})$$

Porém, como o coeficiente de deformação superficial é uma função da temperatura, torna-se então possível demonstrar através de um tratamento matemático que o coeficiente de deformação superficial é igual ao coeficiente de deformação superficial inicial multiplicado pelo índice um que por sua vez é adicionado com o coeficiente de deformação superficial inicial, multiplicado por uma constante de proporção em produto com a variação de temperatura.

Simbolicamente, o referido enunciado é expresso por:

$$H = H_0 . (1 + \alpha . \Delta T)$$

Substituindo convenientemente a referida expressão na última, resulta que:

$$\Delta S = A_0 . [\beta . \Delta T + H_0 . (1 + \alpha . \Delta T) . \Delta F_{R1} . \Delta F_{R2}]$$

Colocando o termo temperatura em evidência, resulta que:

$$\Delta S = A_0 . \{H_0 . \Delta T . [(1/\Delta T) + (\beta/H_0) + (\alpha . \Delta F_{R1} . \Delta F_{R2})]\}$$

A referida expressão traduz a variação da superfície de um corpo qualquer em função da lei da deformação superficial e da lei da dilatação superficial.

6. Lei de Leandro Para as Deformações Volumétricas

Um estudo da termologia permite verificar que um corpo sólido como, por exemplo, um paralelepípedo, sofre dilatação simultaneamente em suas três dimensões. Dessa maneira, quando uma barra tem sue comprimento aumentado, sua secção transversal e seu volume também aumentam.

Portanto, torna-se sumariamente necessário ao efetuar o estudo da termoelástica considerar dos volumes variáveis de corpos sólidos.

Pela termologia, é possível verificar que a variação de volume de um corpo qualquer no estado sólido é diretamente proporcional ao volume inicial do mesmo, multiplicado pela variação de temperatura a que é submetido.

O referido enunciado é expresso simbolicamente por:

$$\Delta v = Y . V_0 . \Delta T$$

Onde a letra (Y), representa uma constante de proporção denominado por coeficiente de dilatação volumétrico e apresenta as mesmas características do coeficiente de dilatação superficial, verificado no item anterior do presente capítulo.

Por meio desta teoria elástica verificou-se que, a variação do volume de um corpo sólido é diretamente proporcional ao volume inicial do mesmo, multiplicado pelo produto das intensidades de forças resultantes, imprimidas nas três dimensões geométricas ou espaciais.

Simbolicamente, o referido enunciado é expresso por:

$$\Delta V' = f \cdot V_0 \cdot \Delta F_{R1} \cdot \Delta F_{R2} \cdot \Delta F_{R3}$$

Logo se chega à conclusão de que a variação do volume de um corpo sólido considerado em função da temperatura a que se encontra e da intensidade de forças resultantes é igual à variação da dilatação do volume adicionado com a variação de deformação volumétrica.

Simbolicamente, o referido enunciado é expresso por:

$$\Delta V = \Delta V' + \Delta v$$

Portanto, substituindo convenientemente a referida lei com as duas primeiras resultam que:

$$\Delta V = f \cdot V_0 \cdot \Delta F_{R1} \cdot \Delta F_{R2} \cdot \Delta F_{R3} + Y \cdot V_0 \cdot \Delta T$$

Supondo-se que o volume inicial do corpo sólido seja medido antes de ser submetido a uma variação de temperatura, ou antes, de ter sido submetido à ação de uma intensidade de força. Então, conclui-se que o volume inicial considerado em ambos os casos é o mesmo. Portanto, colocando-o isoladamente na última expressão, resulta que:

$$\Delta V = V_0 \cdot (f \cdot \Delta F_{R1} \cdot \Delta F_{R2} \cdot \Delta F_{R3} + Y \cdot \Delta T)$$

A referida equação expressa a lei para as deformações volumétricas em função da intensidade de força resultante e da temperatura. No entanto, o coeficiente de deformação volumétrica é uma função da temperatura. Torna-se então possível demonstrar através de um tratamento matemático que o coeficiente de deformação volumétrico é igual ao coeficiente de deformação volumétrico inicial multiplicado pelo índice um que por sua vez é adicionado ao coeficiente de deformação volumétrico inicial multiplicado por uma constante de proporção em produto com a variação de temperatura a que é submetido.

O referido enunciado é expresso simbolicamente por:

$$f = f_0 . (1 + \alpha . \Delta T)$$

Substituindo convenientemente a referida expressão na última, resulta que:

$$\Delta V = V_0 . [f_0 . (1 + \alpha . \Delta T) . \Delta F_{R1} . \Delta F_{R2} . \Delta F_{R3} + Y . \Delta T]$$

Isolando o termo temperatura, resulta que:

$$\Delta V - V_0 . \{f_0 . \Delta T . [(1/\Delta T) \mid (Y/f_0) \mid (\alpha . \Delta F_{R1} . \Delta F_{R2} . \Delta F_{R3})]\}$$

A referida expressão traduz a variação de volume de um corpo sólido em função da lei da dilatação volumétrica e da lei da deformação volumétrica.

7. Lei de Leandro Para a Densidade Linear

Pelo estudo das leis da dilatação térmica é possível verificar que na natureza todos os corpos sofrem uma variação em suas dimensões ao serem submetidos a uma variação de temperatura.

Naturalmente, a densidade varia com a variação das dimensões do referido corpo. Portanto a densidade varia com a temperatura.

O mesmo fenômeno é verificado na elasticidade, com as dimensões variando com a intensidade de força. E como a densidade varia com as dimensões do corpo; então, conclui-se que a densidade varia com a intensidade de força.

Pela dilatação térmica sabe-se que a densidade de um corpo é igual ao quociente da densidade inicial inversa pela constante de índice "um" adicionado ao coeficiente de dilatação linear em produto com a variação de temperatura.

Simbolicamente, o referido enunciado é expresso por:

$$\mu_1 = \mu_{01}/(1 + \alpha . \Delta T)$$

No estudo das leis da dinamoscópia, verificou-se que a densidade linear de um corpo é igual ao quociente da densidade inicial linear, inversa pela constante numérica de índice "um" adicionado pelo coeficiente de deformação linear multiplicado pela variação da força imprimida no referido corpo.

O referido enunciado é expresso simbolicamente por:

$$\mu_2 = \mu_{02}/(1 + h . \Delta F)$$

Portanto, a densidade total do corpo dinamoscópico considerado é igual à densidade oriunda da ação da temperatura adicionada à densidade oriunda da ação da força.

Simbolicamente, o referido enunciado é expresso por:

$$\mu = \mu_1 + \mu_2$$

Logo, substituindo convenientemente nas últimas fórmulas, resulta que:

$$\mu = \mu_{01}/(1 + \alpha . \Delta T) + \mu_{02}/(1 + h . \Delta F)$$

Porém, como o coeficiente de deformação linear é uma função da temperatura, então é possível verificar que o referido coeficiente é igual ao coeficiente de deformação linear inicial multiplicado pela constante numérica de índice "um" que por sua vez é adicionada ao coeficiente de deformação linear inicial em produto por uma constante que por sua vez é multiplicada pela variação de temperatura.

O referido enunciado é expresso simbolicamente por:

$$h = h_0 . (1 + \alpha . \Delta T)$$

Que substituindo convenientemente na última expressão, resulta que:

$$\mu = \mu_{01}/(1 + \alpha . \Delta T) + \mu_{02}/[1 + h_0(1 + \alpha . \Delta T) . \Delta F]$$

Verificando o mínimo múltiplo comum, resulta que:

$$\mu = \mu_{01} . [1 + h_0 . (1 + \alpha . \Delta T) . \Delta F] + \mu_{02} . (1 + \alpha . \Delta T) / (1 + \alpha . \Delta T) . [1 + h_0 . (1 + \alpha . \Delta T) . \Delta F]$$

Verificando o mínimo múltiplo comum, da seguinte fórmula, resulta que:

$$\mu = \mu_{01} . (1 + h . \Delta F) + \mu_{02} . (1 + \alpha . \Delta T) / (1 + \alpha . \Delta T) . (1 + h . \Delta F)$$

Dessa maneira a unidade de energia é igual à unidade de força multiplicada pela unidade de comprimento. Porém, nesse caso, as unidades de energia são independentes da unidade das grandezas e não guardam nenhuma relação com as mesmas.

Desse modo, sempre que a unidade de força estiver em "Newtons" e a de comprimento em "metros", a unidade de energia será "Joule" (J) em homenagem ao cientista inglês de nome James Prescott Joule (1818–1889).

Um submúltiplo do Joule é o "erg", é caracterizada sempre que a unidade de força estiver em "dina" e a de comprimento em "centímetros".

Um múltiplo do Joule é o "quilojoule" (Kj). A relação entre o Joule e o quilojoule é a seguinte:

$$1 \text{ KJ} = 10^3 \text{ J}$$

E a relação entre o Joule e o erg é a seguinte:

$$1 \text{ J} = 10^7 \text{ ergs}$$

CAPÍTULO XI
Quantidade Elástica

1. Introdução

A potência é definida como sendo a energia transformada na unidade de tempo.

Em problemas técnicos é fundamental considerar a eficiência da realização de determinada deformação. A eficiência de um corpo dinamoscópico é medida pela energia emitida numa transformação em relação ao tempo de transformação, definindo a potência.

Portanto, a potência é igual ao quociente da energia inversa pela variação de tempo decorrido no processamento da deformação.

Simbolicamente, o referido enunciado é expresso por:

$$P = E/\Delta t$$

Dessa maneira, quanto maior for o tempo de duração da transformação da energia, menor será a potência do sistema que a estiver transformando. E a potência será tanto maior quanto menor for o intervalo de tempo decorrido na transformação da energia.

Para estabelecer esta expressão, não formulei qualquer hipótese sobre a natureza das transformações que a energia elástica sofre no decorrer da deformação. Portanto, a expressão é inteiramente geral.

Os fenômenos elásticos, da mesma forma que quaisquer outros fenômenos mecânicos ou quaisquer tipos de fenômenos físicos, envolvem sempre transformações ou conversões de energia de uma modalidade para outra.

Como afirmei a pouco, em geral, nas aplicações técnicas não importa apenas conhecer a quantidade total de energia transformada. Interessa principalmente conhecer a energia transformada por unidade de tempo, que é, por definição, a potência do dispositivo que opera essa transformação.

2. Unidades de Potência

No Sistema Internacional de Unidades, a unidade de potência é o "Watt" (W). A definição dessa unidade implica que a unidade de energia corresponda ao Joule (J) e a unidade de tempo corresponde ao segundo (s). Portanto, simbolicamente:

$$\textbf{Watt (W) = Joule/s}$$

Um submúltiplo do Watt é o erg por segundo. E um múltiplo é o Kwatt (KW) definido como Kjoule por segundo. A relação existente entre o Watt e o Kwatt é a seguinte:

$$\textbf{1 Kwatt} = \textbf{10}^3 \textbf{ Watts}$$

E a relação entre o "Watt" e o "erg por segundo" é a seguinte:

$$\textbf{1 Watt} = \textbf{10}^7 \textbf{ ergs/s}$$

Existem outras unidades de potência; porém, em elasticidade não apresentam uma relevante importância.

3. Rendimento

Suponha-se que uma máquina (M), como por exemplo, um relógio, admita-se que em sua operação, receba uma potência total (P_t), e utilize (P_u) (potência útil) inferior à potência total, perdendo P_p (potência perdida) pelos mais variados motivos.

O rendimento (η) (letra grega "éta") mede a relação do "efetivamente utilizado" (P_u) para o total recebido (P_t). Simbolicamente, é expressa por:

$$\eta = P_u/P_t$$

Portanto, o rendimento é uma grandeza adimensional, pois é uma relação de grandezas medias nas mesmas unidades. Comumente se multiplica o resultado obtido por "100" exprimindo-o em "porcentagem". Simbolicamente, resulta que:

$$\eta\% = P_u/P_t . 100$$

4. Potência em Função da Quantidade Elástica

Verificou-se no presente capítulo que a energia elástica oriunda de um corpo dinamoscópico, perfeitamente elástico é igual à metade do valor da quantidade elástica. Simbolicamente, o referido enunciado é expresso por:

$$E = \frac{1}{2} Q$$

Sabe-se que a potência é igual ao quociente da energia armazenada, inversa pelo intervalo de tempo em que ocorre sua transformação.

O referido enunciado é expresso simbolicamente por:

$$P = E/\Delta t$$

Substituindo convenientemente o primeiro enunciado do presente item ao segundo, resulta que:

$$P = (Q/2) / (\Delta t/1)$$

Sabendo-se que o produto dos meios é igual ao produto dos extremos, resulta que:

$$P = Q/2\Delta t$$

Portanto, conclui-se que a potência de um corpo dinamoscópico é igual ao quociente da quantidade elástica inversa pelo dobro do intervalo de tempo considerado na transformação.

5. Potência em Função da Intensidade Elástica e da Força

Sabe-se que a energia elástica de um corpo dinamoscópico perfeitamente elástico é igual à metade da intensidade elástica do corpo em produto com a segunda potência da intensidade de força imprimida no referido corpo. Simbolicamente, o referido enunciado é expresso por:

$$E = \tfrac{1}{2} \, i \, . \, \Delta F^2$$

Sabe que a potência de um corpo dinamoscópico é igual ao quociente da energia elástica, inversa pela variação do tempo.
O referido enunciado é expresso simbolicamente por:

$$P = E/\Delta t$$

Que substituindo convenientemente na última expressão, resulta:

$$P = \tfrac{1}{2} \, . \, i \, . \, \Delta F^2/\Delta t$$

Portanto, a potência de um fenômeno dinamoscópico é igual ao quociente da intensidade elástica multiplicada pelo quadrado da intensidade de força, inversa pelo dobro da variação de tempo.

6. Potência em Função da Variação da Deformação e da Intensidade Elástica

Verificou-se no presente capítulo que a energia elástica de um corpo dinamoscópico perfeitamente elástico é igual ao quociente do quadrado da variação da deformação, inversa pelo dobro da intensidade elástica do corpo dinamoscópico. Simbolicamente, o referido enunciado é expresso por:

$$E = \Delta L^2/2i$$

Sabe-se que a potência é igual ao quociente da energia elástica, inversa pela variação de tempo. O referido enunciado é expresso simbolicamente por:

$$P = E/\Delta t$$

Que substituindo convenientemente na última expressão, resulta:

$$P = \Delta L^2/2i \cdot \Delta t$$

Dessa maneira, conclui-se que a potência oriunda de um corpo dinamoscópico perfeitamente elástico é igual ao quociente do quadrado da variação da deformação, inversa pelo dobro da intensidade elástica do referido corpo multiplicado pela variação de tempo decorrido na deformação do mesmo.

7. Energia e Coeficiente de Deformação Linear

No decorrer do desenvolvimento da elasticidade, verificou-se que a variação de deformação de um corpo dinamoscópico perfeitamente elástico é diretamente proporcional ao comprimento inicial multiplicado pela variação de intensidade de força imprimida no referido corpo.

$$\Delta L = h \cdot L_0 \cdot \Delta F$$

Verificou-se que a energia elástica de um corpo dinamoscópico perfeitamente elástico é igual à metade da variação da deformação elástica multiplicada pela variação da intensidade de força imprimida no corpo.

$$E = \Delta L \cdot \Delta F / 2$$

Portanto, substituindo convenientemente na última expressão, resulta que:

$$E - h \cdot L_0 \cdot \Delta F^2 / 2$$

Logo, conclui-se que a energia elástica de um corpo dinamoscópico perfeitamente elástico é igual à metade do coeficiente de deformação linear, multiplicado pelo comprimento inicial do mesmo em produto com o quadrado da intensidade de força imprimido no corpo dinamoscópico.

De acordo com a referida lei, conclui-se que a energia elástica de um corpo dinamoscópico aumenta com o aumento do coeficiente de deformação linear, aumenta com o aumento do comprimento inicial do corpo dinamoscópico e aumenta com o aumento da intensidade de força, imprimida no corpo dinamoscópico.

8. Quantidade Elástica e Energia

No decorrer do desenvolvimento da elasticimetria vou procurar estudar as relações entre as quantidades elásticas trocadas e as energias transformadas num processo físico, envolvendo um corpo ou um sistema dinamoscópico e o meio exterior.

Por exemplo, um corpo dinamoscópico com uma das extremidades afixada em um referencial inercial, ao ser submetido sob a ação de uma intensidade de força, passa a sofrer uma deformação e aparece em sentido oposto uma força elástica. Desse modo, o corpo dinamoscópico ou um sistema dinasmoscópico recebe uma energia do meio exterior. Por contato, a energia elástica se transfere de um corpo para outro ou entre partes de um corpo em consequência dos deslocamentos moleculares. Quanto maior for a intensidade de força imprimida, maiores são as intensidades de forças moleculares. Pode-se então, considerar a força como uma propriedade que nivela a energia elástica.

A quantidade elástica, do mesmo modo que a força, também se relaciona com transferência de energia.

A quantidade elástica executada por uma parte do sistema sobre outra do mesmo sistema é denominado por quantidade elástica interna. Assim, as forças de interação entre as moléculas do corpo apresentam uma quantidade elástica interna. No decorrer do estudo só considerarei a quantidade elástica externa que chamarei, de agora em diante, simplesmente por quantidade elástica.

9. Quantidade Elástica Numa Deformação

Considere um corpo dinamoscópico afixado por uma de suas extremidades a um referencial inercial, cuja outra extremidade pode se movimentar livremente e sobre a qual imprime-se uma intensidade de força. Esse fornecimento de energia externa ao sistema através de uma fonte qualquer provoca a deformação do corpo dinamoscópico.

Então, a quantidade elástica transferida para o corpo é igual ao produto entre a variação de deformação pela variação de forças elástica resultante.

O referido enunciado é expresso simbolicamente por:

$$Q = \Delta L \cdot \Delta F$$

Em um corpo dinamoscópico isolado, a quantidade elástica é uma grandeza algébrica e assume, no caso, o sinal da variação de deformação, uma vez que a intensidade de força é sempre positiva.

Numa deformação linear por tração, a variação de deformação e positiva e, portanto, a quantidade elástica resultante é positiva. Como a quantidade elástica representa uma transferência de energia a um sistema dinamoscópico, então o corpo dinamoscópico, ao ser ligado, perde energia ou ganha, dependendo naturalmente das condições dos outros corpos associados.

Numa deformação por compressão, a variação de deformação é negativa e, portanto, a quantidade elástica resultante será negativa.

O que acabo de afirmar é expresso simbolicamente por:

$$Q = \Delta L \cdot \Delta F = \Delta F \cdot (L_2 - L_1)$$

$$L_2 > L_1 \Rightarrow \Delta L > 0 \Rightarrow Q > 0$$

$$L_2 < L_1 \Rightarrow \Delta L < 0 \Rightarrow Q < 0$$

10. Gráficos da Quantidade Elástica

No diagrama da intensidade de força em função da deformação, o produto $(F \cdot \Delta L)$ corresponde numericamente à área sombreada, no gráfico que se segue, compreendida entre a reta representativa da transformação e o eixo das abscissas. Dessa maneira, a quantidade elástica resultante é dada numericamente pela área sombreada.

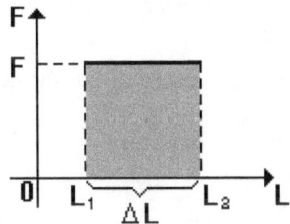

É possível generalizar esta conclusão, considerando uma deformação qualquer de um corpo dinamoscópico irregular. Admite-se uma série de pequenas deformações lineares elementares. De acordo com o esquema indicado no seguinte gráfico:

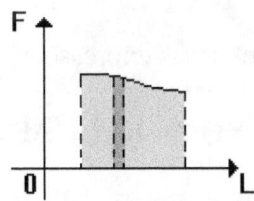

Portanto, em cada uma das deformações lineares elementares, a área do retângulo individualizado mede numericamente a quantidade elástica resultante. A soma dos vários retângulos fornece a quantidade elástica total resultante no sistema dinamoscópico.

Com o que acabo de afirmar, conclui-se que uma deformação dinamoscópica, depende dos estados inicial e final, como também dos estados intermediários da deformação.

11. Quantidade Elástica e Coeficiente de Deformação Linear

No presente estudo da elasticimetria, verificou-se que a quantidade elástica resultante em um corpo ou sistema dinamoscópico é igual ao dobro da energia elástica presente no referido corpo ou sistema.

Simbolicamente, o referido enunciado é expresso por:

$$Q = 2E$$

Verificou-se também, que a energia elástica de um corpo dinamoscópico é igual à metade do coeficiente de deformação linear em produto com o comprimento inicial do corpo dinamoscópico, multiplicado pelo quadrado da intensidade de força imprimida no referido corpo.

O referido enunciado é expresso simbolicamente por:

$$E = h \cdot L_0 \cdot \Delta F^2 / 2$$

Igualando as referidas expressões, resulta que:

$$E = Q/2 = h \cdot L_0 \cdot \Delta F^2 / 2$$

Portanto, resulta que:

$$Q = h \cdot L_0 \cdot \Delta F^2$$

Logo, conclui-se que a quantidade elástica de um corpo dinamoscópico é igual ao coeficiente de deformação linear, multiplicado pelo comprimento inicial do corpo dinamoscópico considerado em produto com o quadrado da intensidade de força imprimida.

12. Nova Lei Para Energia Elástica e o Coeficiente de Deformação Linear

Pelo presente capítulo, verificou-se que a energia elástica de um corpo dinamoscópico é igual à metade do coeficiente de deformação linear, multiplicado pelo comprimento inicial do corpo dinamoscópico em produto com o quadrado da intensidade de força imprimida no referido corpo.

Simbolicamente, o referido enunciado é expresso por:

$$E = h \cdot L_0 \cdot \Delta F^2/2$$

Sabe-se que o quadrado da intensidade de força imprimida em um corpo dinamoscópico qualquer é igual ao quociente do quadrado da variação da deformação, inversa pelo quadrado do coeficiente de deformação linear multiplicado pelo quadrado do comprimento inicial do corpo dinamoscópico considerado.

Simbolicamente, o referido enunciado é expresso por:

$$\Delta F^2 = \Delta L^2/h^2 \cdot L_0^2$$

Substituindo convenientemente na última expressão, resulta que:

$$E = h \cdot L_0 \cdot \Delta L^2/h^2 \cdot L_0^2 / 2/1$$

Sabendo-se que o produto dos meios é igual ao produto dos extremos, conclui-se que:

$$E = h \cdot L_0 \cdot \Delta L^2/h^2 \cdot L_0^2 \cdot 2$$

Eliminando os termos em evidência, resulta que:

$$E = \Delta L^2/2h \cdot L_0$$

Logo, conclui-se que a energia elástica de um corpo dinamoscópico é igual ao quociente do quadrado da variação de deformação, inversa pelo dobro do coeficiente de deformação linear, multiplicado pelo comprimento inicial do corpo dinamoscópico.

13. Quantidade Elástica e Potência

No decorrer do presente capítulo foi possível demonstrar que a quantidade elástica resultante em um corpo ou sistema dinsmoscópico é igual ao dobro da energia elástica que o referido corpo ou sistema apresenta.

Simbolicamente, o referido enunciado é expresso por:

$$Q = 2E$$

Foi possível demonstrar que a energia elástica de um corpo ou sistema dinamoscópico é igual à potência elástica multiplicada pelo intervalo de tempo considerado no processamento da deformação elástica.

O referido enunciado é expresso simbolicamente por:

$$E = P \cdot \Delta t$$

Igualando convenientemente as referidas expressões, obtém-se:

$$Q = 2P \cdot \Delta t$$

Dessa maneira, conclui-se a quantidade elástica resultante em um corpo dinamoscópico ou sistema é igual ao dobro da potência elástica multiplicada pelo intervalo de tempo decorrido no processamento da deformação do sistema ou corpo dinamoscópico.

14. Quantidade Elástica e Energia

Verificou-se que a energia elástica presente em um corpo dinamoscópico é igual ao quociente do quadrado da variação de deformação, inversa pelo dobro do coeficiente de deformação linear, multiplicado pelo comprimento inicial do referido corpo.

Simbolicamente, o referido enunciado é expresso por:

$$E = \Delta L^2/2h \cdot L_0$$

Sabe-se que a energia elástica de um corpo dinamoscópico é igual ao quociente da quantidade elástica resultante em um corpo dinamoscópico inversa pela constante numérica de índice dois.

O referido enunciado é expresso simbolicamente por:

$$E = Q/2$$

Igualando convenientemente as referidas expressões, obtém-se:

$$Q/2 = \Delta L^2/2h \cdot L_0$$

Eliminando os termos em evidência, resulta que:

$$Q = \Delta L^2/h \cdot L_0$$

Logo, conclui-se que a quantidade elástica resultante em um corpo dinamoscópico é igual ao quociente do quadrado da variação da deformação do referido corpo, inversa pelo coeficiente de deformação linear em produto com o comprimento inicial do corpo dinamoscópico considerado.

15. Lei Teórica e Quantidade Elástica

No estudo do presente capítulo demonstrei através de um tratamento matemático que o quadrado da variação da deformação de um corpo dinamoscópico é diretamente proporcional ao comprimento inicial do referido corpo, multiplicado pela variação de intensidade de força.

Simbolicamente, o referido enunciado é expresso por:

$$\Delta L^2 = K . L_0 . \Delta F$$

Sabe-se que a quantidade elástica de um corpo dinamoscópico é igual ao produto entre a variação de deformação de um corpo dinamoscópico e a variação de intensidade de força, imprimida no mesmo.

O referido enunciado é expresso simbolicamente por:

$$Q = \Delta L . \Delta F$$

Portanto, conclui-se que a quantidade elástica de um corpo dinamoscópico é igual ao quadrado da variação da deformação multiplicada pela variação da intensidade de força, inversa pela variação da referida deformação.

Simbolicamente, o referido enunciado é expresso por:

$$Q = \Delta L^2 . \Delta F/\Delta L$$

Substituindo convenientemente as referidas expressões, obtém-se:

$$Q = K . L_0 . \Delta F . \Delta F/\Delta L$$

Portanto, resulta que:

$$Q = K \cdot L_0 \cdot \Delta F^2 / \Delta L$$

Logo, conclui-se que a quantidade elástica resultante em um corpo dinamoscópico é proporcional ao comprimento inicial do referido corpo, multiplicado pelo quadrado da variação da intensidade de força e inversamente proporcional à variação de deformação do referido corpo.

16. Lei Teórica e Energia Elástica

Foi possível demonstrar no presente capítulo que a energia elástica de um corpo dinamoscópico é igual à metade da quantidade elástica do mesmo. Simbolicamente, o referido enunciado é expresso por:

$$E = Q/2$$

Verificou-se também, que a quantidade elástica de um corpo dinamoscópico é proporcional ao produto entre o comprimento inicial e o quadrado da variação da intensidade de força, e inversamente proporcional à variação da deformação do referido corpo.

O referido enunciado é expresso simbolicamente por:

$$Q = K \cdot L_0 \cdot \Delta F^2 / \Delta L$$

Igualando convenientemente as referidas expressões, obtém-se:

$$2E = K \cdot L_0 \cdot \Delta F^2 / \Delta L$$

Portanto resulta que:

$$E = K \cdot L_0 \cdot \Delta F^2 / 2\Delta L$$

Logo, conclui-se que a energia elástica de um corpo dinamoscópico é proporcional ao comprimento inicial do corpo dinamoscópico multiplicado pelo quadrado da variação da intensidade de força, e inversamente proporcional ao dobro da variação da deformação elástica.

17. Quantidade Elástica e Intensidade Elástica

No decorrer do presente livro, verificou-se que o inverso da intensidade elástica de um corpo dinamoscópico é igual ao quociente da variação de intensidade de força, inversa pela variação de deformação. Simbolicamente, o referido enunciado é expresso por:

$$1/i = \Delta F / \Delta L$$

Sabe-se que a quantidade elástica de um corpo dinamoscópico é proporcional ao produto entre o comprimento inicial e o quadrado da variação da intensidade de força e inversamente proporcional a variação de deformação do referido corpo.

O referido enunciado é expresso simbolicamente por:

$$Q = K \cdot L_0 \cdot \Delta F^2 / \Delta L$$

Substituindo convenientemente os referidos resultados, conclui-se que:

$$Q = K \cdot L_0 \cdot \Delta F / i$$

Logo, conclui-se que a quantidade elástica de um corpo dinamoscópico é proporcional ao produto entre o comprimento inicial do corpo dinamoscópico e a variação da intensidade de força e inversamente proporcional à intensidade elástica do referido corpo.

18. Quantidade Elástica e Lei Geral da Deformação Linear por Tração

Verificou-se que a variação de deformação de um corpo dinamoscópico perfeitamente elástico é proporcional ao produto entre o comprimento inicial do corpo dinamoscópico considerado, pela variação de intensidade de força imprimida no mesmo, e inversamente proporcional a área da secção transversal.

O referido enunciado é expresso simbolicamente por:

$$\Delta L = \eta \, . \, L_0 \, . \, \Delta F/A$$

Sabe-se que a quantidade elástica de um corpo dinamoscópico é igual ao produto entre a variação de deformação e da variação da intensidade de força.

Simbolicamente, o referido enunciado é expresso por:

$$Q = \Delta L \, . \, \Delta F$$

Substituindo convenientemente as referidas expressões, obtém-se:

$$Q = \eta \, . \, L_0 \, . \, \Delta F \, . \, \Delta F/A$$

Portanto, resulta que:

$$Q = \eta \, . \, L_0 \, . \, \Delta F^2/A$$

Logo, conclui-se que a quantidade elástica de um corpo dinamoscópico é igual à característica dinamoscópica multiplicado pelo comprimento inicial do referido corpo em produto com o quadrado da variação da intensidade de força imprimida, inversa pela área da secção transversal.

CAPÍTULO XII
Energia Elástica

1. Introdução

Verificou-se que a quantidade elástica de um corpo dinamoscópico é igual ao dobro da energia elástica que o mesmo apresenta. Simbolicamente, o referido enunciado é expresso por:

$$Q = 2E$$

Demonstrou-se que a quantidade elástica de um corpo dinamoscópico é igual à característica dinamoscópica multiplicada pelo comprimento inicial em produto com o quadrado da variação da intensidade de força imprimida no referido corpo, inversa pela área da secção transversal.

O referido enunciado é expresso simbolicamente por:

$$Q = \eta \cdot L_0 \cdot \Delta F^2 / A$$

Igualando convenientemente as referidas expressões, obtém-se:

$$2E = \eta \cdot L_0 \cdot \Delta F^2 / A$$

Portanto, conclui-se que:

$$E = \eta \cdot L_0 \cdot \Delta F^2 / 2A$$

Logo, resulta que a energia elástica de um corpo dinamoscópico é igual à característica dinamoscópica multiplicad pelo comprimento inicial do corpo considerado em produto com o quadrado da variação de intensidade de força, inverso pelo dobro da área da secção transversal.

2. Energia Elástica e Deformação

O quadrado da variação da intensidade de força é igual ao quociente do quadrado da variação da deformação multiplicada pelo quadrado da área da secção transversal e inverso pelo quadrado da característica dinamoscópica multiplicada pelo quadrado do comprimento inicial do corpo dinamoscópico.

Simbolicamente, o referido enunciado é expresso por:

$$\Delta F^2 = \Delta L^2 . A^2/\eta^2 . L_0^2$$

Sabe-se que a energia elástica de um corpo dinamoscópico é igual à característica dinamoscópica multiplicada pelo comprimento inicial do referido corpo em produto com o quadrado da variação da intensidade de força, inverso pelo dobro da área da seção transversal.

O referido enunciado é expresso simbolicamente por:

$$E = \eta . L_0 . \Delta F^2/2A$$

Substituindo convenientemente as referidas expressões, obtém-se:

$$E = (\eta . L_0 . \Delta L^2 . A^2/\eta^2 . L_0^2) / (2A/1)$$

Sabendo-se que os produtos dos meios são iguais aos produtos dos extremos, obtém-se que:

$$E = \eta . L_0 . \Delta L^2 . A^2/2A . \eta^2 . L_0^2$$

Eliminando os termos em evidência, resulta que:

$$E = A \cdot \Delta L^2/2\eta \cdot L_0$$

Logo, conclui-se que a energia elástica de um corpo dinamoscópico é igual ao quociente da área da secção transversal multiplicada pelo quadrado da variação da deformação inversa pelo dobro da característica dinamoscópica multiplicada pelo comprimento inicial do corpo dinamoscópico.

3. Quantidade Elástica e Deformação

Verificou-se que a energia elástica de um corpo dinamoscópico é igual à metade da quantidade elástica. Simbolicamente, o referido enunciado é expresso por:

$$E = Q/2$$

Sabe-se que a energia elástica de um corpo dinamoscópico é igual ao quociente da área de secção transversal multiplicada pelo quadrado da variação da deformação, inversa pelo dobro da característica dinamoscópica multiplicada pelo comprimento inicial do corpo dinamoscópico.

O referido enunciado é expresso simbolicamente por:

$$E = A \cdot \Delta L^2/2\eta \cdot L_0$$

Igualando convenientemente as referidas expressões, obtém-se:

$$Q/2 = A \cdot \Delta L^2/2\eta \cdot L_0$$

Eliminando os termos em evidência, resulta que:

$$Q = A \cdot \Delta L^2/\eta \cdot L_0$$

Logo, conclui-se que a quantidade elástica de um corpo dinamoscópico é igual ao quociente da área da secção transversal multiplicada pelo quadrado da variação de deformação, inversa pela característica dinamoscópica multiplicada pelo comprimento inicial do referido corpo.

4. Energia Potencial Média por Átomo

Na natureza, todos os corpos são constituídos por átomos. E particularmente considerando corpos dinamoscópicos, os átomos encontram-se distribuídos segundo uma formação geométrica. E nessa estrutura, esses átomos permanecem fixos, uns exercendo uma interação com os outros.

Quando o corpo dinamoscópico é submetido a uma deformação linear, os átomos são deslocados de seu centro de equilíbrio, revelando a intensidade de força que podem exercer de acordo com essa interação.

De acordo com esse modelo, a energia elástica do corpo dinamoscópico é na realidade a energia potencial, que fica armazenada no edifício atômico. Esta é a responsável pela restituição do corpo dinamoscópico ao seu estado inicial, naturalmente descontada a parcela gasta em aquecê-la. Que no presente livro considero desprezível.

Sendo que a letra (N) representa o número de moléculas e a letra (E_e) representa a energia elástica do corpo dinamoscópico, então resulta que a energia potencial média por átomo (e_p) é dada por:

$$e_p = E_e/N$$

Portanto, conclui-se que em uma deformação elástica a energia potencial exercida por cada átomo é igual ao quociente da energia elástica inversa pelo número de átomos que compõem o corpo dinamoscópico.

5. Energia Potencial por Átomo e Lei Geral da Deformação Linear

Sabe-se que a energia elástica de um corpo dinamoscópico é igual ao quociente da característica dinamoscópica multiplicada pelo comprimento inicial do corpo dinamoscópico em produto com o quadrado da variação da intensidade de força imprimida no referido corpo, inversa pelo dobro da área da secção transversal.

Simbolicamente, o referido enunciado é expresso por:

$$E = \eta \cdot L_0 \cdot \Delta F^2 / 2A$$

Verificou-se que a energia potencial média de um átomo do corpo dinamoscópico é igual ao quociente da energia elástica, inversa pelo número de átomos que participam da deformação do corpo considerado.

O referido enunciado é expresso simbolicamente por:

$$e_p = E/N$$

Substituindo convenientemente as referidas expressões, obtém-se:

$$e_p = (\eta \cdot L_0 \cdot \Delta F^2 / 2A) / (N/1)$$

Sabendo-se que o produto dos meios é igual aos produtos dos extremos, então resulta que:

$$e_p = \eta \cdot L_0 \cdot \Delta F^2 / 2A \cdot N$$

Logo, conclui-se que a energia potencial média de cada átomo que participa de uma deformação perfeitamente elástica é igual à característica dinamoscópica multiplicada pelo comprimento inicial do corpo dinamoscópico em produto com o quadrado da variação de intensidade de força imprimida inversa pelo dobro da área da secção transversal em produto com o número de átomos.

6. Energia Potencial Média por Átomo e Número de Avogadro

Sabe-se que o número de átomos de um corpo qualquer é igual ao produto entre o número de moles pelo número de Avogadro.

Simbolicamente, o referido enunciado é expresso por:

$$N = \eta \cdot N_A$$

Verificou-se que a energia potencial média de cada átomo que participa de uma deformação perfeitamente elástica é igual à característica dinamoscópica multiplicada pelo comprimento inicial do corpo dinamoscópico em produto com o quadrado da variação da intensidade de força inversa pelo dobro da área da secção transversal em produto com o número de átomos.

O referido enunciado é expresso simbolicamente por:

$$e_p = \eta \cdot L_0 \cdot \Delta F^2 / 2A \cdot N$$

Substituindo convenientemente as referidas expressões, obtém-se:

$$e_p = \eta \cdot L_0 \cdot \Delta F^2 / 2A \cdot \eta \cdot N_A$$

Portanto, conclui-se que a energia potencial média de cada átomo é igual à característica dinamoscópica multiplicada pelo comprimento inicial do corpo dinamoscópico em produto com o quadrado da variação da intensidade de força imprimida no referido corpo, inversa pelo dobro da área da secção transversal multiplicada pelo número de moles em produto com o número de Avogadro.

Porém, sabe-se que o quociente da característica dinamoscópico inversa pelo dobro do número de Avogadro tem como resultante uma constante, denominada por constante estrutural.

Simbolicamente, o referido enunciado é expresso por:

$$K = \eta/2N_A$$

Portanto, substituindo convenientemente na última expressão, resulta que:

$$e_p = K . L_0 . \Delta F^2/A . \eta$$

Logo, conclui-se que a energia potencial média de cada átomo é igual ao valor da constante estrutural, multiplicada pelo comprimento inicial do corpo dinamoscópico em produto com o quadrado da variação da intensidade de força, inversa pela área da secção transversal, em produto com o número de moles.

Assim, corpos dinamoscópicos diferentes à mesma intensidade de força possuem diferentes energias potenciais médias por átomo.

7. Energia Potencial Média por Átomo e Deformação Elástica

Sabe-se que a energia elástica de um corpo dinamoscópico é igual ao quociente da área da secção transversal multiplicado pelo quadrado da variação da deformação, inversa pelo dobro da característica dinamoscópica em produto com o comprimento inicial do corpo dinamoscópico.

Simbolicamente, o referido enunciado é expresso por:

$$E = A \cdot \Delta L^2/2\eta \cdot L_0$$

Verificou-se que a energia potencial média por átomo de um corpo dinamoscópico é igual ao quociente da energia elástica, inversa pelo número de átomos que participam da deformação do corpo considerado.

O referido enunciado é expresso simbolicamente por:

$$e_p = E/N$$

Igualando convenientemente as referidas expressões, resulta que:

$$e_p \cdot N = A \cdot \Delta L^2/2\eta \cdot L_0$$

Portanto, resulta que:

$$e_p = A \cdot \Delta L^2/2\eta \cdot L_0 \cdot N$$

Logo, conclui-se que a energia potencial média por átomo é igual ao quociente da área da secção transversal em produto com o quadrado da variação da deformação, inversa pelo dobro da característica dinamoscópica multiplicada pelo comprimento inicial em produto com o número de átomos.

8. Energia Potencial Média por Átomo e Número de Avogadro

Sabe-se que o número de átomos de um corpo qualquer é igual ao produto entre o número de moles pelo número de Avogadro.

Simbolicamente, o referido enunciado é expresso por:

$$N = \eta \cdot N_A$$

Verificou-se que a energia potencial média de cada átomo que participa de uma deformação perfeitamente elástica é igual ao quociente da área da secção transversal multiplicada pelo quadrado da variação da deformação, inversa pelo dobro da característica dinamoscópica multiplicada pelo comprimento inicial do corpo considerado em produto com o número de átomos.

O referido enunciado é expresso simbolicamente por:

$$e_p = A \cdot \Delta L^2/2\eta \cdot L_0 \cdot N$$

Substituindo convenientemente as referidas expressões, obtém-se:

$$e_p = A \cdot \Delta L^2/2\eta \cdot L_0 \cdot \eta \cdot N_A$$

Logo, conclui-se que a energia potencial média por átomo é igual ao quociente da área da secção transversal multiplicada pelo quadrado da variação da deformação, inversa pelo dobro da característica dinamoscópica multiplicada pelo comprimento inicial do coro dinamoscópico em produto com o número de moles multiplicados pelo numero de Avogadro.

Porém, sabe-se que o dobro da característica dinamoscópica multiplicada pelo número de Avogadro, resulta numa constante genérica:

$$\alpha = 2\eta \cdot N_A$$

Substituindo convenientemente na última expressão, resulta que:

$$e_p = A \cdot \Delta L^2 / \alpha \cdot L_0 \cdot \eta$$

Logo, conclui-se que a energia potencial média por átomo é igual ao quociente da área da secção transversal multiplicada pelo quadrado da variação da deformação, inversa por uma constante multiplicada pelo comprimento inicial do corpo dinamoscópico em produto com o número de moles.

9. Energia Interna

A energia interna de um sistema é composta de duas parcelas: a energia externa e a energia interna. A energia externa do sistema ou corpo dinamoscópico é devida às relações que o mesmo guarda com seu meio exterior: energia cinética e energia potencial.

A energia interna do sistema dinamoscópico relaciona-se com suas condições intrínsecas. Num corpo dinamoscópico sólido, corresponde às parcelas: energia térmica, que se associa aos deslocamentos doa átomos de sua estrutura; energia potencial de configuração, associada às forças internas conservativas; energias cinéticas atômica-moleculares, ligadas às vibrações intramoleculares etc.

Não é possível medir diretamente a energia interna (E) de um sistema. No entanto, é importante conhecer a variação da energia interna (ΔE) do sistema durante um processo dinamoscópico.

Nos sistemas e corpos dinamoscópicos, a variação de energia interna (ΔE) é sempre acompanhada de variação de força, com será verificado. E quando ocorre a variação da energia elástica, também ocorre a variação da energia potencial dos átomos em suas estruturas, portanto, ocorre uma variação de energia interna. Como se verificou nos índices anteriores, sendo que a letra (N) representa o número total de átomos que participam da deformação:

A energia potencial molecular é dada pela seguinte relação:

$$E_1 = K . N . L_0 . F_1^2/A . \eta$$

A energia potencial molecular final é dada pela seguinte relação:

$$E_2 = K . N . L_0 . F_2^2/A . \eta$$

Portanto, a variação da energia potencial molecular é expressa por:

$$\Delta E = E_2 - E_1$$

Logo, conclui-se que:

$$\Delta E = (K . N . L_0/A . \eta) . (F_2 - F_1)$$

Observe que, se a intensidade de força final (F_2) é maior que a intensidade de força inicial (F_1), a energia interna do corpo dinamoscópico aumenta. Se (F_2) for menor que (F_1), a energia interna do corpo diminui. No caso de a intensidade de força final (F_2) ser igual à inicial (F_1), a energia interna do corpo não varia.

Resumo:

$$F_2 > F_1 \Rightarrow \Delta E > 0 \Rightarrow \text{energia interna aumenta}$$
$$F_2 < F_1 \Rightarrow \Delta E < 0 \Rightarrow \text{energia interna diminui}$$
$$F_2 = F_1 \Rightarrow \Delta E = 0 \Rightarrow \text{energia interna não varia}$$

As conclusões enunciadas permitem afirmar que a energia interna de um corpo dinamoscópico depende de uma série de fatores, entre os quais se destacam a intensidade de força e as características dinamoscópicas do corpo considerado.

10. Lei Fundamental de uma Associação Dinamoscópica

Em quaisquer transformações naturais, as conversões energéticas são tais que a energia total permanece constante, de acordo com os fundamentos do princípio da conservação da energia.

A presente lei procura prever a possibilidade de se realizar uma dada transformação.

Numa associação, por exemplo, a ponte de Leandro, a intensidade de força passa espontaneamente de um corpo dinamoscópico de maior intensidade de força para outro de menor intensidade de força. No entanto, a passagem contrária é altamente improvável, razão pela qual considero que a mesma não ocorre. Note, portanto, que o comportamento da natureza é assimétrico. A lei que rege tal comportamento é a lei fundamental da elasticimetria. Ela apresenta um caráter estatístico, estabelecendo que os sistemas evoluem espontaneamente, segundo um sentido preferencial, tendendo para um estado de equilíbrio.

A transferência preferencial de energia de um corpo de alta intensidade de força para um corpo de baixa intensidade de força levou-me a enunciar a lei fundamental do seguinte modo:

"A energia elástica não passa espontaneamente de um corpo dinamoscópico para outro de intensidade de força mais alta".

11. Máquina Dinamoscópica

Sabe-se que todas as modalidades de energia são capazes de realizar trabalho, e a energia elástica não constitui uma exceção. Todavia, de acordo com a lei fundamental, esta ocorrência não é possível, com o sistema retirando energia de uma fonte e convertendo-a completamente em trabalho.

As máquinas dinamoscópicas, como, por exemplo, os relógios de mola, foram inventados e funcionavam antes que seu princípio teórico fosse estabelecido. Estudando essas máquinas, pude evidenciar que uma diferença de intensidade de força é tão importante para uma máquina dinamoscópica quanto uma diferença de nível d'água para uma máquina hidráulica. Estabeleci, então, que:

"Para que uma máquina dinamoscópica consiga converter energia elástica em trabalho, de modo contínuo, deve operar em ciclo entre duas fontes, uma de alta intensidade de força e outra de baixa intensidade de força: retirando da fonte de alta intensidade de força uma energia elástica, converte-a parcialmente em trabalho (δ) e o restante rejeita para a fonte de baixa intensidade de força".

12. Representação Gráfica de uma Variação de Energia

Sabe-se que uma variação de energia elástica de um corpo dinamoscópico é igual à metade da intensidade elástica do corpo dinamoscópico multiplicada pelo quadrado da variação da intensidade de força.

O referido enunciado é expresso simbolicamente por:

$$\Delta E = \tfrac{1}{2} . i . \Delta F^2$$

Logo, conclui-se que:

$$E = E_0 + \tfrac{1}{2} . i . \Delta F^2$$

Portanto, a energia total de um corpo dinamoscópico é igual à energia inicial adicionada com a metade da intensidade elástica multiplicada pela variação do quadrado da intensidade de força.

Logo, verifica-se que a referida equação é uma função quadrática.

E como se sabe, a representação gráfica dessa equação é uma parábola, cuja concavidade poderá estar voltada para cima ou para baixo, conforme o sinal da intensidade elástica. Portanto, as características dessa parábola são postuladas da seguinte maneira:

a - A parábola apresenta a concavidade voltada para cima, quando a intensidade elástica for positiva (**i** > **0**). Portanto, nesse cão a deformação linear é dita por tração;

b - A parábola apresenta a concavidade voltada para baixo, quando a intensidade elástica for negativa (**i** < **0**). Logo, conclui-se que nesse caso a deformação linear é dita por compressão.

Os postulados que acabei de enunciar podem ser visualizados nos seguintes gráficos:

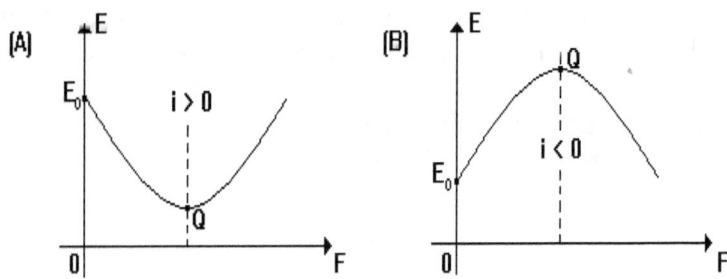

Observe os referidos gráficos (A) até o ponto (Q) chamado por vértice da parábola a função E = f (F) é decrescente e a deformação é negativa. A partir do vértice (Q) a função é crescente e a deformação é positiva. No vértice representado pela letra (Q), o corpo dinamoscópico sofre uma mudança no sentido de usa deformação e a mesma é nula.

Comparando-se os sinais da deformação e da intensidade elástica, conclui-se que a intensidade elástica e positiva enquanto que a deformação é negativa até o vértice do gráfico em seguida a deformação passa a ser positiva e a intensidade elástica permanece positiva. Devo chamar a atenção par amostrar que somente a deformação do corpo dinamoscópico muda de sinal enquanto que a intensidade elástica permanece constante e positiva.

Considere o gráfico indicado pela letra (B), até o vértice da parábola, a função E = f (F) é crescente e a deformação é positiva. Depois do vértice a função é decrescente e a deformação é negativa. No vértice (Q) a deformação do corpo dinamoscópico muda de sentido e sua deformação se torna nula. Comparando-se os sinais da intensidade elástica e da deformação, conclui-se que até o vértice (Q) a deformação e a intensidade elástica têm sinais contrários; desse modo a deformação é maior que zero, enquanto que a intensidade elástica é negativa; após o vértice (Q) a deformação é negativa e a intensidade elástica também permanece negativa. Portanto, somente a deformação muda de sinal, enquanto que a intensidade elástica permanece constante e negativa.

13. Expressão do Equilíbrio Dinamoscópico

Considere dois corpos dinamoscópicos de intensidade elásticas (i_1) e (i_2), submetidos a uma deformação, respectivamente, iguais a (ΔL_1) e (ΔL_2) e a intensidades de forças imprimidas, respectivamente, iguais a (ΔF_1) e (ΔF_2). Suponha então que esses corpos dinamoscópicos sejam ligados através de um fio rígido, de intensidade elástica nula ou considerada desprezível. Nessas condições, se as intensidades de forças iniciais dos corpos (ΔF_1) e (ΔF_2) forem diferentes, ocorrerá, devido à diferença de intensidade de força entre eles, um deslocamento de força, do corpo de maior intensidade de força para o de menor. Evidentemente, esse fluxo de força cessa quando o equilíbrio dinamoscópico dos corpos é alcançado, ou seja, no instante em que ambos atingem a mesma intensidade de força, que designarei pela letra (ΔF). Por outro lado, como houve um fluxo dinamoscópico de um corpo para outro, os corpos dinamoscópicos de intensidades elásticas (i_1) e (i_2) passarão a apresentar deformações, respectivamente, iguais a ($\Delta L'_1$) e ($\Delta L'_2$), sendo possível obter o seguinte resultado:

a) $\Delta L'_1 = i_1 \cdot \Delta F$

b) $\Delta L'_2 = i_2 \cdot \Delta F$

Entretanto, se o sistema de corpos isolados elasticamente, ou seja, não sofrer deformações por meios extremos, as somas das deformações dos corpos dinamoscópicos antes e depois da ligação, respectivamente ($\Delta L_1 + \Delta L_2$ e $\Delta L'_1 + \Delta L'_2$), devem ser absolutamente iguais, ou seja:

$$\Delta L_1 + \Delta L_2 = \Delta L'_1 + \Delta L'_2 \quad (I)$$

Porém (ΔL_1) e (ΔL_2) podem ainda ser representadas por:

a) $\Delta L_1 = i_1 \cdot \Delta F_1$

b) $\Delta L_2 = i_2 \cdot \Delta F_2$

Substituindo os valores de (ΔL_1, ΔL_2, $\Delta L'_1$ e $\Delta L'_2$) na expressão (I), resulta que:

$$i_1 \cdot \Delta F_1 + i_2 \cdot \Delta F_2 = i_1 \cdot \Delta F + i_2 \cdot \Delta F$$

$$i_1 \cdot \Delta F_1 + i_2 \cdot \Delta F_2 = (i_1 + i_2) \cdot \Delta F$$

$$\Delta F = i_1 \cdot \Delta F_1 + i_2 \cdot \Delta F_2 / i_1 + i_2$$

Esta é a expressão de Leandro que fornece a intensidade de força comum dos dois corpos dinamoscópicos, após o equilíbrio dinamoscópico dos corpos dinamoscópicos serem atingido. A referida expressão se aplica perfeitamente nas chamadas pontes de Leandro.

Considere agora três corpos dinamoscópicos de intensidade elástica (i_1, i_2 e i_3), submetidos a uma deformação (ΔL_1, ΔL_2 c ΔL_3) às intensidades de forças (ΔF_1, ΔF_2 e ΔF_3), respectivamente, de acordo com a seguinte figura:

Supondo estes corpos bem afastados, vou liga-los através de fios rígidos de intensidades elásticas desprezíveis. A diferença de intensidade de força entre os referidos corpos determina o que denominei por fluxo de forças. Este fenômeno é transitório, cessando, quando os corpos dinamoscópicos atingirem a mesma intensidade de força, isto é, quando for estabelecido o equilíbrio dinamoscópico dos corpos. Nestas condições, seja (ΔF) a intensidade de força convém e ($\Delta L'_1$, $\Delta L'_2$ e $\Delta L'_3$) as novas deformações, de acordo com o indicado na seguinte figura:

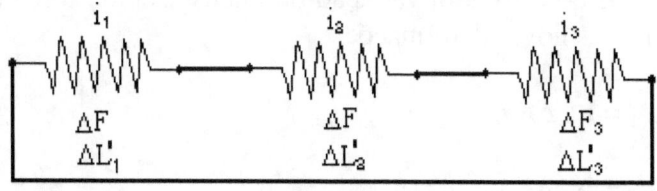

Pelo princípio da conservação da deformação elástica que tive o prazer de estabelecer no início do presente capítulo:

$$\Delta L'_1 + \Delta L'_2 + \Delta L'_3 = \Delta L_1 + \Delta L_2 + \Delta L_3$$

Mas

$$\Delta L'_1 = i_1.\Delta F; \;\; \Delta L'_2 = i_2.\Delta F; \;\; \Delta L'_3 = i_3 . \Delta F$$

Portanto,

$$i_1 . \Delta F + i_2 . \Delta F + i_3 . \Delta F = \Delta L_1 + \Delta L_2 + \Delta L_3$$

$$\Delta F . (i_1 + i_2 + i_3) = \Delta L_1 + \Delta L_2 + \Delta L_3$$

Portanto vem que:

$$\Delta F = \Delta L_1 + \Delta L_2 + \Delta L_3/i_1 + i_2 + i_3$$

Sendo que:

$$\Delta L_1 = i_1 . \Delta F_1; \;\; \Delta L_2 = i_2 . \Delta F_2; \;\; \Delta L_3 = i_3 . \Delta F_3,$$

Tem-se:

$$\Delta F = i_1 . \Delta F_1 + i_2 . \Delta F_2 + i_3 . \Delta F_3/(i_1 + i_2 + i_3)$$

Determinando a variação da intensidade de força (ΔF), obtêm-se as novas deformações:

a) $\Delta L'_1 = i_1 . \Delta F$

b) $\Delta L'_2 = i_2 . \Delta F$

c) $\Delta L'_3 = i_3 . \Delta F$

Por fim, generalizando essa expressão para o caso de (η) corpos dinamoscópicos em equilíbrio, tem-se:

$$\Delta F = \Sigma\ i_i . \Delta F_i / \Sigma i_i \quad \text{para } i = 1, 2, 3, \ldots n$$

Também é válida a seguinte expressão generalizada:

$$\Delta F = \Sigma\ \Delta L_i / \Sigma i_i \quad \text{para } i = 1, 2, 3, \ldots n$$

www.ingramcontent.com/pod-product-compliance
Lightning Source LLC
Chambersburg PA
CBHW072133170526
45158CB00004BA/1353